ちくま文庫

はじめての暗渠散歩

水のない水辺をあるく

本田創　高山英男
吉村生　三土たつお

目次

第3章　あちこちの暗渠

＊本書の地図は、キャプションに明記しているもの以外は、国土地理院の電子地形図（タイル）に地名を追記して掲載。

まえがき

暗渠《あんきょ》が好きだ。

こんなことを誰かに言えば、「それ何?」といぶかし気に訊かれるか、あるいは軽くスルーされるかであったはずである。数年前までは。

しかしこのごろ、ちょっとだけ事情が変わってきたようだ。毎回必ず10パーセント台の安定した視聴率を誇る、NHKの人気番組『ブラタモリ』では、ほとんど毎回と言っていいほどタモリが「暗渠」「アンキョ」と口にする。サザンの桑田佳祐が2016年にリリースした、缶コーヒーのCMソングでもある「大河の一滴」では、2番の歌詞にしっかり「暗渠」の二文字が記されている。芸能人・著名人でも自らを「暗渠ファン」だと公言するケースも増えてきた。最近、テレビの情報番組が暗渠を取り上げることもしばしばだ。おそらくここ数年で、暗渠という言葉の認知度は格段に、いや順調に、いやいや緩やかに、くらいかもしれないが、間違いなく上がってきているはずだ。

とはいえ、それを愛でる人々は、残念ながらまだそう多くはないと思う。それはそうだ。ずっと前からそこにあり、それゆえ街の風景に溶け込みすぎて見過ごされてきた存在が、いきなりありがたがられるわけがない。そんな日本の現状に対し警鐘を鳴らす、というほど深刻な問題でもないので、鐘とまでは言わないが、せめて風鈴くらいの優しい音色でみなさんの耳目を集めることなどしてみたい。本書は、そのような意図で企画されたものである。一人でも多くの方に身近な暗渠と向かい合うきっかけを作り、その存在を感じていただくことが本書のゴールだ。

あちこちにいろんな暗渠があるように、暗渠との向き合い方、暗渠の感じ方は多様であっていい。むしろ多様なほうがいい。そこで今回はあえて、その嗜好や筆運びを異にする四人の暗渠愛好家が、それぞれの暗渠観・暗渠論を奏でていくという、いわば「四重奏スタイル」を採った。それぞれの持つ楽器や立ち位置から紡ぎだされる暗渠愛あふれる旋律をお楽しみいただきたい。

そしてその旋律が無事にあなたと共鳴できたとしたら、本書を読み終えたとききっとあなたもこう呟いていることだろう。

暗渠が好きだ、と。

2017年7月

本田創／髙山英男／吉村生／三土たつお

はじめての暗渠散歩

水のない水辺をあるく

第1章　暗渠入門

暗渠散歩へのいざない

本田創

暗渠――失われた、水のない川

街を歩いているとき、あるいは地図を眺めているとき、周囲の道とは別のルールにしたがって形作られているような、違和感のある道に出会うことはないだろうか。他の道が真っ直ぐな中、曲がりくねっていたり、向きが違っていたり、住宅地の間を縫うような緑道となっていたり。これらの道は昔からその地域を通っていた古い道筋の場合もあるが、もしその道沿いが周囲より凹んでいたり、谷底のような場所だったり、あるいは湿度が高いようであれば、それはおそらく川の跡、すなわち「暗渠《あんきょ》」だ。

暗渠とは一般的には「蓋をされた河川」や「地中に埋設された水路」を指す。歩道のスペースを確保するために道端の用水路に蓋をしたり、あるいは洪水対策で川に地下水路のバイパスを設けたりといった暗渠は各地に存在するだろう。ただ、ここではもっと広い意味で、かつて川や用水路が流れていた空間・場所・道で、かつ今でもその流路が地図上や現地で確認できるもの全般を「暗渠」と呼ぶことにしたい。

　このような「失われた川の痕跡」としての暗渠も、都市部を中心に日本各地にある。例えば東京都心部では、荒川や多摩川、隅田川などといった大きな川のほかには数えるほどの川しか流れてないが、かつては数多くの小川や用水路、そして堀割が網の目のように東京を覆っていた。それらは様々な理由で、蓋をされたり、下水道に転用されたり、埋め立てられたりして、失くなってしまった。

暗渠に惹かれて

　私の生まれ育った、東京の下町と山の手の境目にある街にも、そのような暗渠があった。「谷《や》田《た》川《がわ》通り」と呼ばれる、町の真ん中を緩やかに曲がりくねりなから貫く道。そこに、かつて実際に「谷田川」という川が流れていたということを知ったのは、小学校中学年の頃だったろうか。いわれてみれば通り沿いには「谷田橋交差点」「霜降橋交差点」という、橋の名がつく交差点があった。そこに川があったと知ると、交差点の名称にも合点がいった。

アスファルトに覆われ車の行き交う暗渠の路面は、祖父母の昔話やあるいは小学校の地域学習の中ではさらさらと流れる水面となっていて、そこでは川沿いの農家が大根を洗ったり、子どもたちが魚獲りに興じていたりした。それは、自分が生まれたときにはすでに存在していない、話の中でだけ体験される、失われた原風景であった。

地図が読めるようになり、自転車で遠出ができるようになると、「川」を下ってその行き先を確かめてみた。隣町に入ると「川沿い」は商店街になり、そして更にその先はくねくねと曲がりくねった道になった。先の見通せない蛇行した道を自転車で抜けるのは、川下りをしているような気分になった。そして、長屋や銭湯の並ぶ一角を過ぎ細い道を抜けると、そこは上野公園の不忍池《しのばずのいけ》だった。普段は自宅から駅まで歩きそこから山手線に乗って向かう場所だった上野公園と、自分の暮らしている街は、失われた川で一本に繋がっていた。

のちになって図書館の地域資料などで、この「谷田川」は現在の染井霊園にあった「長池」や、周囲の湧水を水源とし不忍池に注ぐ小川で、下流部では「藍染川《あいぞめかわ》」と呼ばれていたこと、流域の都市化に伴い汚れや氾濫が目立つようになり、大正後期から昭和初期にかけて暗渠化され下水に転用されたことなどを知るようになる。

この身近な川跡の発見は、私にとって暗渠―失われた川を意識する原体験となった。そして今思えばそこには、暗渠や、暗渠を通して街を見ることの魅力が凝縮されていたように思う。

暗渠をめぐる三つの軸

私は常々、暗渠の魅力、愉しみは三つのスケールで語れるのではないかと思っている。まず第一にミクロなスケール、第二にマクロなスケール、そして第三にタイムラインのスケール。これらは「点」「空間」「時間軸」という三つのディメンション（軸）と言い換えることもできる。

まずミクロなスケール、すなわち「点」というディメンションだ。これは「地点」や「景観」の中に現れる。そこがかつて川だったと意識すると、何気なく見過ごしていた風景の中に、失われた川の痕跡が残されていることに気づく。「暗渠サイン」と呼べるような、川があったことを示す痕跡は、曲がりくねった道、窪んだ地形、橋の跡、暗渠の路地に多い車止め、水路の護岸の痕跡、川に由来していそうな地名、銭湯や染物屋といったかつて川にかかわっていた業種など、多岐にわたる。それらはあるものははっきりと、またあるものはひっそりと、街に佇んでいる。

次にマクロなスケール、すなわち「空間」のディメンション。それはまず「線」として現れる。今までばらばらに捉えていた地点や景観が、暗渠に気がつくことで一つの水のラインに関連付けられつながっていく。暗渠を辿ることは水の流れに沿って地形をなぞることでもあるから、それらは高低差でソートされ、数珠《じゅず》繋ぎにプロットされていく。

さらに「線」は「空間」へと広がっていく。通常の川と同様、失われた川もいくつもの支流の暗渠を集め一つにまとまって、更に川や海へとつながっているからだ。こうして暗渠の「線」は、水系として空間的な広がりを持つ「面」となっていく。この「面」に着目したとき、地理空間には、鉄道網や道路網とは別の、今まで見えていなかったレイヤーが現れてくる。

東京のような大都市の空間の場合とくにそれは顕著だ。たとえば、東京山の手地区から武蔵野地区にかけてのエリア。武蔵野台地に刻まれたいくつもの枝分かれする谷には、今も流れる神田川や石神井川、目黒川といった中小河川のほかに、かつてはそれらの支流が無数に流れていた。一方で、台地の上にはかつて江戸の水道であった玉川上水と、そこから分水された用水路が樹形図のように枝分かれし、飲用水や生活用水として使われたり、谷筋の水田を潤す灌漑用水として使われていた。そして余水や排水は谷筋の川へと落とされた。それは、今は失われてしまった、〝尾根筋の用水路＝「動脈」〟と〝谷筋の河川＝「静脈」〟による、尾根と谷を結ぶ血管のような水のネットワークのレイヤーだ。

また、足立や葛飾、江戸川といった低地に目を向ければ、そこには利根川水系から水を引いてきた見沼代用水や葛西用水といった灌漑用水から、竹ぼうきの先のように無数の水路が放射状に枝分かれし、流れていた。それらのほとんどは今は姿を消した。

図1は東京の地図に、通常意識される鉄道・道路を記したものだ。**図2**は同じエリアの川と暗渠・川跡・水路だけを表示した地図だ。同じ空間でも見え方、すなわち地理空間を把握する座標軸が全く変わってくることがわかるだろう。

これらの水のネットワークは、地名や地形の失われた関連性（繋がり）を呼び戻すレイヤーでもある。わかりやすい例として、東京都心、山手線沿線の南半分を見てみよう。そこには渋谷、千駄ヶ谷、富ヶ谷、鶯谷町といった谷に関係する地名や、宇田川町、神泉といった水にまつわる地名が見られる。これらは渋谷川の失われた水系を辿ると、すべてがそのもとに繋がっていく。旧地名である羽沢町、日下窪町、代々木山谷町、穏田といった地名を加えると更にそれは顕著となる。また、新宿御苑、明治神宮、松濤公園、白金の自然教育園、青山墓地、赤坂御所といった都心の緑地もまた、いずれも渋谷川水系の源流に位置することがわかる。

このような暗渠のレイヤーには、様々な時期の様相が、投影図のように同時にプロットされて見えているといった側面もある。川により暗渠化された時期はそれぞれだし、川の痕跡もそれぞれその古さは異なる。その重なりあいを一つ一つ紐解いていくと、こんどは地域の歴史が浮かび上がってくる。これが第三の「タイムライン」のスケール、「時間軸」のディメンションだ。手がかりは古地図をはじめとし、地理学、地学の文献、行政資料、郷土史、そして川沿いに暮らした人々の生の声となるだろう。そこには数万年単位の広域の自然史から、100年単位の治水史や地域の開発史、そして数十年単位の個人史や、もっと小さな、川沿いにくらした人々のささやかなものがたりまで、様々なスパンでの時間軸の経過が折り重なっている。ノスタルジックな側面だけではなく、暗渠化の過程で川がライフラインとしての存在から、災害、公害といった負の存在へと変化していく過程もそこでは見えてくるかもしれない。

そしてマクロなスケールからタイムラインのスケールを経て再度ミクロなスケールに立ち戻ったとき、個々の「地点」や「景観」の意味合いは更にまた奥行きを持ち、深まって見えてくる（図3）。

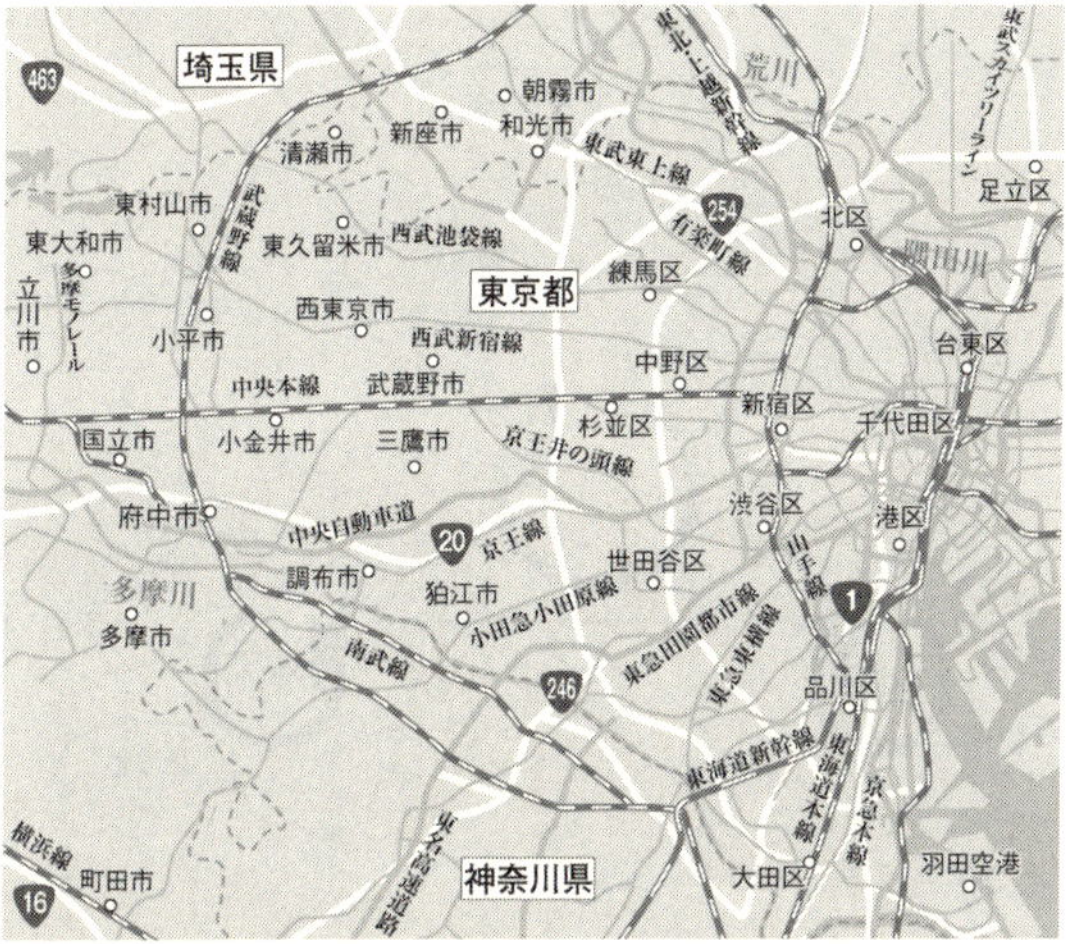

図1　東京都心の鉄道と主要道の地図。（『kotoba』第21号より）

図2　図1と同じ範囲の川・暗渠の地図

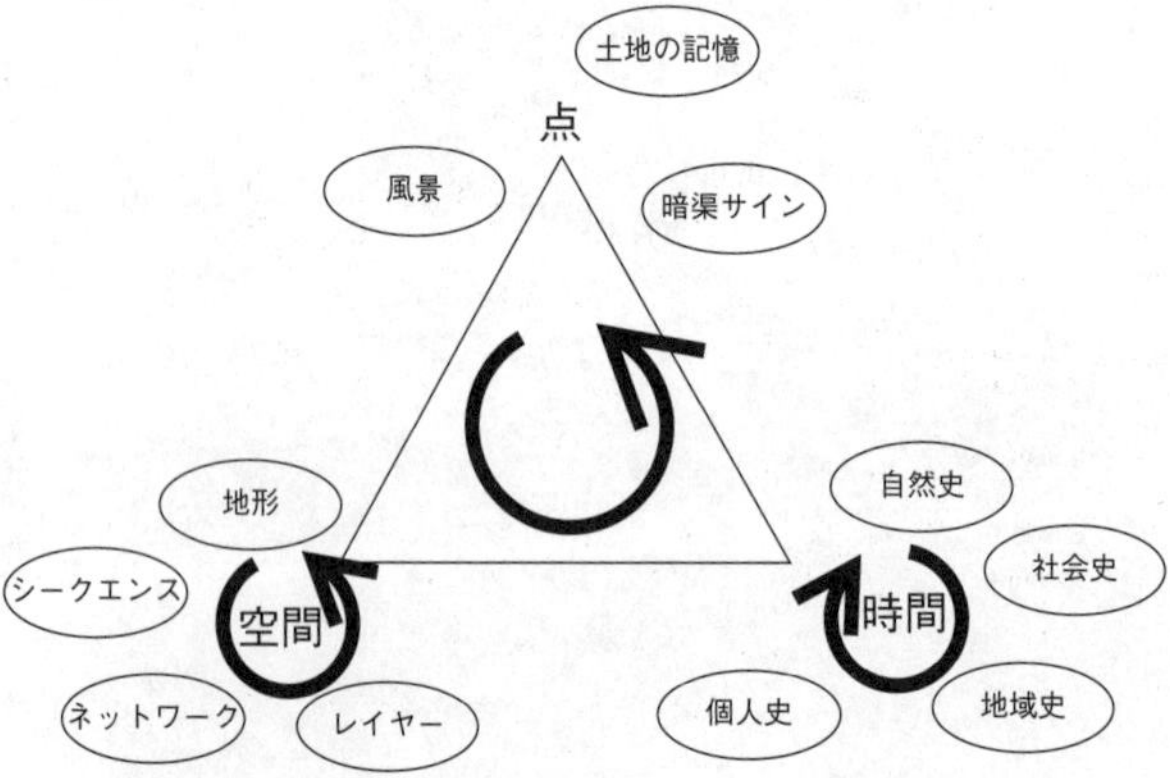

図3　暗渠をめぐる三つのディメンション

暗渠を感じるということ

　さて、暗渠に興味を持ちアプローチしようとおもったとき、これら三つのスケールのどこからでもそれは可能だろう。路上の面白いもの、気になることへの着目といった点からのアプローチ、地図や地形といった空間的な面からのアプローチ、そして土地の歴史への興味といった時間軸からのアプローチ。それは、ひとつの要素だけからではなく、人それぞれにウェイトを変えつつ混ざり合ってのアプローチとなるだろう。

　いずれのアプローチをとるにしても、もし暗渠を最大限に愉しもうとするなら、実際に暗渠を歩き、暗渠を感じることが肝要だ。

例えば地図は、最も主要なアプローチのひとつであることは間違いない。地図を眺めていれば、暗渠は見つかる。冒頭に記したような、違和感のある道や路地、緑道がそうだ。地形図であれば等高線による高低の判別がその助けとなるだろう。かつての川が土地を隔てるボーダーラインとして機能していたようなところでは、行政区界として残っていることもある。

更に現代の地図にあわせて古地図を比べ見ると、よりわかりやすい。暗渠化される前の川の流路や、水源の池、川沿いの田畑や森林といったものが確認できるし、水にまつわる失われた地名も見つけることができるだろう。

今では古地図と現代の地図を重ねあわせて見られるようなスマートフォン・アプリも多く出ている。特にiPhone、iPadのアプリ「東京時層地図」はお薦めだ。明治初期、明治後期、大正、昭和初期、昭和後期の各時代の地形図を切り替えることで、川や土地の変遷が容易に比較できる。このように机上で地図を広げるだけでも暗渠の面白さは味わえる。

しかし一方で、地図とは実際の空間から必要な情報だけを抽出し、抽象化・記号化して平面に落とし込んだものであるのも事実だ。現地の暗渠を実際に歩いて、地図では表しきれない土地の様相やその場の空気といったものを自ら体験し体感することで、はじめてわかることも多い。

まず、風景に潜む「暗渠サイン」を発見していくことが、そこにかつて川が流れていたという裏付けとなるだろう。また、地図の俯瞰する視点と人の目の高さの視点では、当然ながら風景の見え方が異なってくる。例えば平面の地図上ではわずかな蛇行に見えても、人の視点にたてば蛇行は強調され、遠近感と奥行きも生まれ、先を見通せないことによる期待と不安感がおもむきを際立たせる。地図には表現しきれないわずかな高低差も、歩いてみると足にかかる負荷で実感できる。暗渠に特有の湿度、温度もやはりその場で肌で感じて初めてわかることだ。匂いや音もそうだ。夕方から夜にかけて、路地の暗渠では家々から漏れるテレビの音や調理の音、そして夕食の匂いが漂う。夜更けになりあたりが静まれば、暗渠の轟々《ごうごう》と流れる音も聞こえる。

辿る際に古地図を手にしながら歩けば、失くなってしまった風景を幻視することもできるだろう。先に上げた「東京時層地図」のようなアプリでは、GPSを利用して古地図上に現在の位置が表示されるため、暗渠を辿っているとき、地図上ではあたかも川の上を歩いているようにみえる。

暗渠に刻まれた土地の記憶

こうして実際に自らの足で暗渠を辿ってみると、川が失くなってしまっても、そこには川の輪郭が残っていることに気がつくだろう。川を流れる水は地形をつくりだし、

そして土地の歴史や人々の生活を育んできた。そこには地形や風景、土地の記憶が刻み込まれている。それらは川とともに蓋をされ覆い隠されてしまったかもしれないけれど、暗渠を辿り、失われた川の流れに耳を澄ませれば、土地の記憶が聴こえてくる。

　暗渠とはいわば、レコードに刻まれた溝のようなものだろう。針となってその溝を辿ることで、辿る人の身体を通して、溝から暗渠に澱む記憶が再生されてくる。そして土地の履歴はひもとかれ、目の前の風景は新たな視座から捉え直されていく。

　街で暗渠らしき路地をみかけたり、あるいは地図で暗渠らしきラインをみつけたら、ぜひその暗渠を歩いてみよう。暗渠から再生された記憶は失われた川のせせらぎの音となって風景を満たし、街の見え方を多層的で豊かなものに変えるに違いない。

＊『kotoba』第21号（集英社）掲載「地図から始める暗渠散歩」を加筆改稿。

日常にひそむ暗渠

三土たつお

暗渠はあなたのすぐ隣にある

暗渠は日常にひそんでいる。あなたの家の近くにも、職場の近くにもきっとある。ためしに筆者の家から最寄りの暗渠までの距離を測ってみたら、約800メートルだった。職場の最寄りの暗渠までは約400メートル。すごく近い。場所にもよるけど、たとえば東京の山手線の内側なら、どこを選んでもだいたい1キロの円の中には何らかの暗渠があるようだ。それくらい、暗渠は日常にありふれている。

ただ、やっかいなことに彼らはひそんでいる。見た目はただの道だ。だから街を歩いているときに、その場で川跡の特徴や雰囲気を感じとって、暗渠を発見することも必要になる。

たとえば「新井橋」と書かれた柱だけがあってどこにも橋が見当たらないこの道（**写真1**）。同じ場所は、以前はこんなふうな川だった（**写真2**）。

写真1　世田谷区赤堤小学校付近。

写真2　1949（昭和24）年、建設中の赤堤小学校と北沢川。「世田谷 WEB 写真館」より。

こんなふうに名ばかりの橋があったら、そこにむかし川や堀があったと考えていい。東京なら数寄屋橋、大阪なら心斎橋。いくつか思い浮かぶでしょう。この写真だと、その先が曲がっていて先が見えないのも昔の川筋のままだし、入り口に車止めがあるのも、歩道として整備するためだったり、重い車に耐えられないためだったりする暗渠の特徴だ。ちなみに奥にみえる建物は小学校。昔の写真だとちょうど建設中になっている。時代の移り変わりがよくわかって面白い。

こんなふうに暗渠のある場所の現在と昔をくらべて、それらがいかにひそんでいるか、どんな特徴があるかを引き続き見てみることにしよう。

つぎは自転車の駐輪場だ（**写真3**）。ビルの谷間の裏手にあたるこの場所も、やっぱり昔は川だった（**写真4**）。右手の建物群があんまり変わっていないから、ちゃんと同じ場所だと感じられる。木造モルタル二階建て。東京の渋谷駅すぐそばにある、のんべい横丁とよばれるお店群の建物の裏側が見えている。

こんなふうに建物がずらっと背中を向けて立っているのも暗渠の特徴だ。昔の写真をみれば背中を向けているのは当然に見えるけど、今だと少し違和感がある。街に表があるとすると、裏にあたる場所にいる感覚も暗渠に特徴的だ。裏手感というべきだろうか。

写真３　渋谷駅前の自転車駐輪場。

写真４　1957（昭和32）年の渋谷川と宮益橋。白根記念渋谷区郷土博物館・文学館資料。

つぎは高速道路。橋桁に「銀座新橋」と書かれている。奥に見える白い建物は博品館というおもちゃ屋さん（**写真5**）。この高速道路の下も昔は川だった（**写真6**）。面白いのは、橋の向きが90度回転しているということだ。現在の首都高速道路の銀座新橋は、奥の博品館と平行に架かっている。しかし昔の写真に見えるかっこいい橋は、その右奥にみえる昔の博品館（当時は博品百貨店）と垂直に架かっている。じつをいうとこの橋こそが「新橋」だった。いまでは山手線の駅名といった風情だけど。川が埋め立てられて首都高がかかるときに、道路をまたぐ橋として「銀座新橋」に生まれ変わった。そのときに向きが変わったのだ。ちなみにおなじく銀座の数寄屋橋もまったく同じような運命で向きが変わっている。

銀座新橋の足もと、写真だと中央やや右にずんぐりむっくりな石の柱が立っている。昔の新橋の親柱（橋の両側に立っている柱）だ。橋が撤去された後、こんなふうに親柱だけが近くに設置されて残ることはけっこう多い。これも昔の川がそこにあった証拠だ。

次の写真では、路面電車が走っている。東京をいまでも走る路面電車、都電荒川線だ（**写真7**）。そしてじつは、同じ場所をむかし川が通っていた（**写真8**）。都電が鉄橋を渡っていたなんてびっくりだけど、写真があるんだから信じるしかない。むかしは王子電気軌道といったそうだ。とおりがかった都電がちょうどレトロ調のデザイン

写真５　新橋と博品館。

写真６　大正初期の新橋と博品百貨店。東京都中央区立京橋図書館資料「新橋と博品百貨店」より。

写真７　大塚駅前付近。

写真８　明治末ごろの王子電気軌道（大塚八幡川鉄橋）。『王子電気軌道三十年史』所収より。

なので、いい対比になっている。むかしの川はいまでは地面の下で下水道の幹線になっている。

ここは橋やなにかの跡が残っているという特徴はほとんどない。そもそも写真を見ても鉄道以外の共通点がほとんどない。かつての森もないし、どの建物も裏を向いていない。じゃあどうやって暗渠と知ればいいんだろうか。

それは地形だ。ざんねんながらこの写真ではまったく伝わらないのだけど、この場所のすぐ脇は急な上り坂になっている。反対側にやや離れて都電の駅の向こう側にも、急な上り坂がある。つまりここは幅の広い谷の底だ。ということは、それなりに大きな川がここを流れていたということになる。自然の川の場合、ごく上流部をのぞけば谷のようすがはっきり分かる。街を歩いていていちばん気づきやすいのは、じつをいうと地形だと思う。とつぜん崖が現れたり、道がおおきく窪んでいたりしたら、そこが川だった可能性がある。

こんなふうに、暗渠は日常にひそんでいる。ひそみつつ、かつて川だったときの特徴もちゃんと残っている。低地なので開発から免れ、昔ながらの木造モルタル2階建てのような建物が残る場所も多い。大通りからは見えづらい、都会の「奥」。そういうところに暗渠はある。

ところで、日本の町はもともと「奥」を持っていたという話がある。西洋の都市が広場のような開かれた中心を持つのに対して、日本の集落は裏山の神社のような秘められた奥を持っていたという。それらは今では見えづらくなったけれども、姿をかくして今でも街に残っていると感じる。交差点の名前だけに残るかつての橋や、バス停の名前に残る池。そういうものに出会うと、その街の秘密を少し知った気がする。都会の日常の奥にひそむもの。暗渠とはそんな存在だと思う。

参考文献

『見えがくれする都市』槇文彦ほか、鹿島出版会ＳＤ選書、１９８０

「暗渠サイン」を見逃すな！
――暗渠ハンティングきほんの「き」

髙山英男

暗渠で目にする特定の「しるし」

「いつも銭湯の煙突を見かけるな……」。暗渠を探して歩き始めた頃に、そう思った。もともと銭湯は好きだったので、煙突やのれんがあれば自然と目に入ってくるだけなのかもしれない。しかしそれにしても、多すぎやしないだろうか。そこでさっそく試みに、その日歩いた品川用水の流路跡に関して、**図1**のようなものを作ってみた。

図の真ん中の点線は品川用水の川跡である。品川用水とは、江戸時代に玉川上水からの分水を受けて武蔵野市、世田谷区を通り大田区・品川区周辺の村に水を配給していた人工の水路で、現在は殆どが道路に転用されている。この流路に近いところにある銭湯を『平成19年度版東京銭湯お遍路ＭＡＰ』をもとにマッピングしてみたのだ。眺めてみると、流路上に位置する銭湯のなんと多いことか。ちなみに世田谷区だけ

図１　品川用水の水路跡に銭湯の場所をプロットすると……（2009年当時のデータをもとに著者が作成）。

でカウントしてみると、同資料に載っていた48軒の銭湯のうち半分の24軒が、なんらかの水路沿い・暗渠沿いに位置していた。

思い返せば銭湯以外にもそんな「暗渠でよく出会う」物件はたくさんあった。クリーニング屋さん、豆腐屋さん、氷室、プール、バスターミナル、ゴルフ練習場、井戸……。なるほど、これらは暗渠を見つける際の手掛かりにもなりそうだ。と気づいた頃には、なんとなく暗渠仲間の間でこれらを「暗渠サイン」と呼んでいたような気がする。

これら「暗渠サイン」を並べてみると、それがあれば「もう絶対ここに川があったはず！」という非常に相関の強いものもあれば、「他でもよく見るけどまあ暗渠沿いでも多いよね」といったユルいものまで、

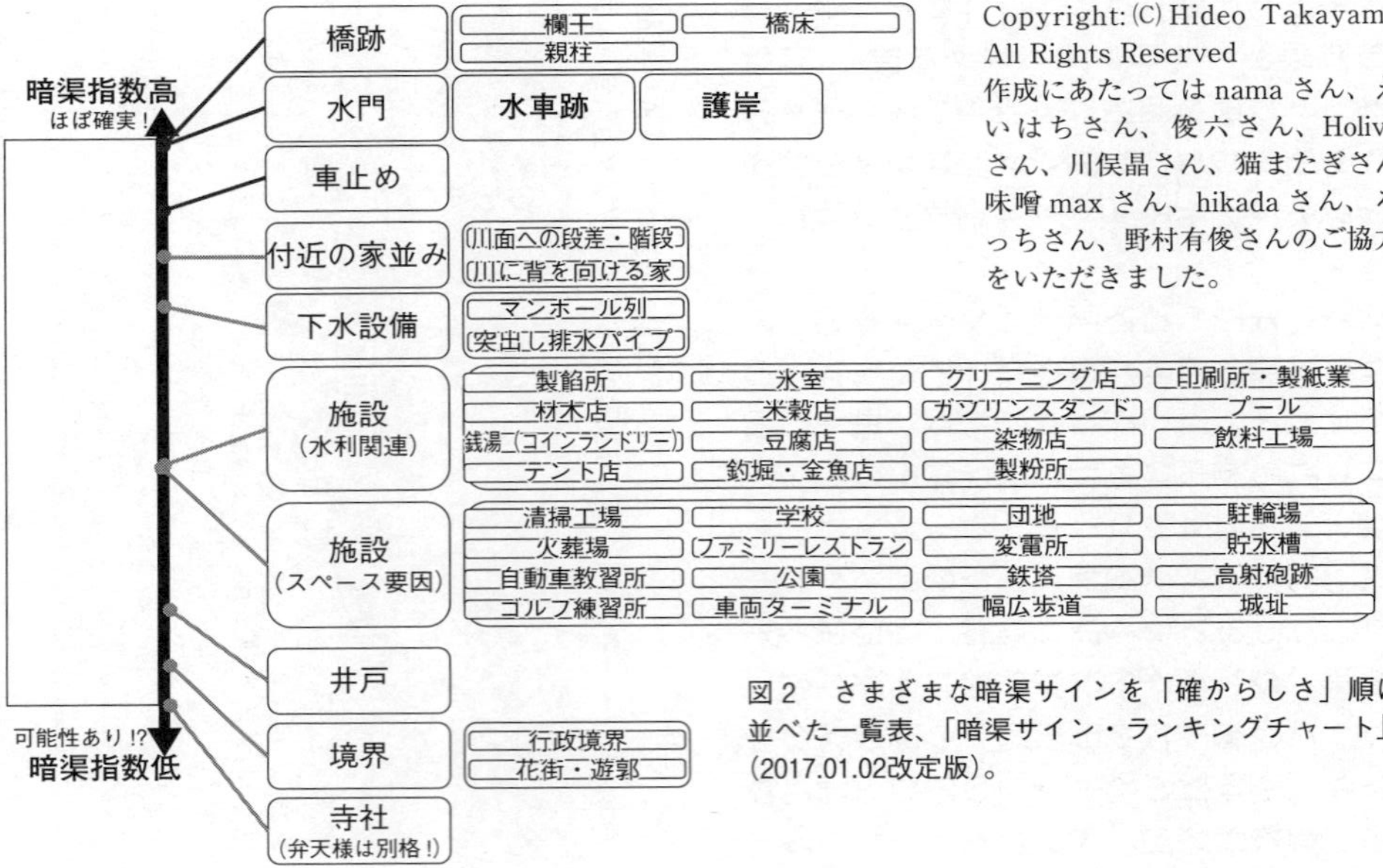

作成にあたっては nama さん、えいはちさん、俊六さん、Holive さん、川俣晶さん、猫またぎさん、味噌 max さん、hikada さん、ろっちさん、野村有俊さんのご協力をいただきました。

図2　さまざまな暗渠サインを「確からしさ」順に並べた一覧表、「暗渠サイン・ランキングチャート」（2017.01.02改定版）。

それらの「確からしさ」がずいぶんとバラバラであることもわかってきた。

そこで、川があった・暗渠があるという確からしさを「暗渠指数」と呼び、これらの高低（当社比）によって並べ替えて整理してみた。それが**図2**だ。

図中にも記したが、これをまとめるにあたってはたくさんの暗渠仲間のお力をお借りした。まずは拙ブログでこの図のプロトタイプのようなものを公開し、そこで仲間たちからいくつものアイデアやご指摘を頂いた結果がここに結実している。ご協力いただいた仲間たちに改めてお礼申し上げる。

では、これらのうちの主なものを、上から解説していこう。

目に見える「川の名残」はもっとも確実な暗渠サイン

一番上には橋の欄干や親柱、橋床などの「橋跡」、その他「水門」「水車跡」「護岸」をプロットした（**写真1、2**）。もともと直接川の付帯設備であったこれらが残っている場所であれば、そこは川跡だったに違いない。すなわち「暗渠指数」は最大。これらは東京都内にも何カ所か残っており、暗渠仲間の間では「名所中の名所」として珍重されている。しかし興味のない人から見ると、あまりに日常に溶け込みすぎて目に入らないケースも多いかと思う。

「橋跡」や「護岸」はあまり邪魔にならないためか比較的今でも残っているものがあ

写真１　渋谷川の支流の支流、初台川に残る橋の欄干。通る人の何人が「ここに川があった」と思うだろうか。

写真２　道の左側に以前護岸として使われていた石積みが残っている。北区滝野川に流れていた石神井川の支流。

るが、嵩張る「水門」が残っているのは非常に稀で、さらに大規模な物件である「水車」となると都内では殆ど見ることはできない。その代わりその大きさや役割から、歴史的価値は認められているようで、どこかに移設されていたり、実物は残っていずとも地域の文献や古地図に記載されていることも多い。またどこかに移設・保存されているケースもあるが、この場合はそこが川跡の場所とは必ずしも一致しないのでご注意を。

個性が光る「車止め」は暗渠マニアの人気アイテム

暗渠指数が次に高いのは「車止め」であろう。暗渠は川を埋めた・蓋をした状態であることが多いので、重量の大きな車両が乗り入れてこないよう「車止め」を置いていることが多くある。歩行者の安全確保や防犯防災など様々な理由で設置されることも多いので「車止め＝暗渠」とは限らないが、これまでの暗索（暗渠探索のこと）経験上、かなり「暗渠指数」は高いはずだ。それだけにこれも、見つけるだけで暗渠マニアを一瞬にして興奮せしめる重要な暗渠サインとなっている。

またこの車止めの最もチャーミングなところは、時代や場所によって素材や形のバリエーションが楽しめるところだろう（**写真3**）。車止めについては特に次の章で詳細に述べる。

写真3　石神井川の支流・貫井川の車止め。練馬区では車止めとセットで「水路敷」と道路に大書きされるケースも多く、暗渠マニアへの暖かい心遣いが感じられる。

写真4　板橋区の蓮根川。昭和50年代に暗渠化されたがいまだに家々は川にそっぽを向いたまま。

「川があったからこうなった」状況証拠たち

次いで「暗渠指数」が高いのは「付近の家並み」であろう。川があった頃にその沿岸に建てられた家並みには特徴があり、それは今でも静かに水辺を主張している。一例としては、「川に背を向けて並ぶ家」だ。かつての川がある程度の幅を持った道（暗渠）となっているにも関わらず、いまだ家並みはこれに「そっぽを向いて」、つまり裏側を向いて建っている（写真４）。私はこのような「誰の役にも立っていないけれど・誰に見向きもされないけれど、確かにそこに存在している」暗渠に対し、何とも言えない寂寥感を抱くとともに、強く心惹かれてしまうのだ。

また川だった時代に物理的にあった「川までの高低差」が観察できたり、その段差を昇降するための小さな階段が設けられているケースも見られる（写真５）。

これらに近いところに位置付けているのは「下水道設備」だ。以前川であったところは、現在は地下で下水道として第二の人生（川生）を送っている川も多く、密集するマンホールや家々からの排水パイプなどはその川の化身としての下水道の存在を示唆するものでもある。そんな場所に行ったなら、ぜひ耳を澄ましてみてほしい。マンホールから響いてくるせせらぎに、リアルな水辺が感じられるはずだ（写真６）。

写真5　杉並区、桃園川の支流にある暗渠に架かる階段。下の部分がアスファルトで埋められているところが何かの物語を感じさせる。

写真6　世田谷区は烏山川の支流。マンホールが並び左側の崖からは数本の排水パイプも見られる。

それぞれに意味や歴史がある「暗渠サイン」施設

冒頭で銭湯について触れたが、他にもたくさんの暗渠サインとなる施設が挙げられる。ここではそれらを「水利関連」「スペース要因」の二つに分けた。

まず「水利関連」だが、一つは排水の利で、大量の排水を流すのに川のそばが都合がいいからという理由で建てられたもの。銭湯もまさにこの分類となる。また、川を使って材木を運ぶ、水車を使って精米・製粉する、川で反物を洗って染める等々そもそも川をビジネスに使っていたと推測できる施設たちもここに分類した（写真7）。ここにテント店も含めているが（実際暗渠沿いでよく目にする）、おそらく旗など大きな反物を扱う染物店が業態を変化させてテント店に至っているのでは、と私は思っている。

続く「スペース要因」は、要するにバスターミナルのような、「都心でありながらも広大な敷地を必要とする施設」を指す。これらが暗渠沿いに多く見られるわけは、湿地など開発が後回しにされた川の流域は、高度経済成長期以降であっても土地の確保がしやすかったからだと考えている（写真8）。

写真7　板橋区、前谷津川の横にはちょっと古めのクリーニング店。寒い冬は湯気を立てて排水が流れていたのだろうか。

写真8　世田谷区の上北沢にある広大な自動車教習所は北沢川沿い。暗渠を眺めながら運転の練習ができるのはセールスポイントになり得るか。

その他の暗渠サインたち

「暗渠指数」は低くなってしまうが、その他「井戸」「境界」「寺社」なども暗渠サインとして位置付けている。

「井戸」はもちろん尾根であっても存在するが、川のある谷底では地下水脈にアクセスしやすいエリアも多いようだ。また暗渠沿いでは比較的「昔のままの景色」が残っていることが多いので目にする機会も多いのであろう（写真9）。

昔から川は物理的に左岸と右岸を分かっていたため、川がなくなった今も区境や町境などの「境界」として、名残を留めているものもある。また川は、このような「物理的な境い目だけで」なく、ウチとソト、ハレとケなど「概念上での境界」をも作ってきたのではないだろうか。かつての遊郭、吉原や洲崎などは、外（日常）と内（非日常）を分かつように周囲に堀が設けられていたという。

最後の「寺社」だが、所によっては敷地内に湧水を持っていたり川が流れていたりというケースもよく見ることができる。これは、水が神聖な場所でのキヨメの役割を担っていたのかもしれないし、大切な水という利権を握ることで周辺共同体からの求心力を高めようという側面もあったのではないかと私は考えている。また寺社の中でも「厳島《いつくしま》神社」「市杵島《いちきじま》神社」など水の神様である弁財天を祀る寺社は別格で、池が

写真9　渋谷区、代々木川沿いに残る井戸。水が豊富な土地だったのかも知れないし、たまたま再開発から逃れて残っただけ、なのかも知れない。

ある・そこで水が湧いているなど、その場に必ず水の匂いがするはずだ。

以上が、「暗渠サイン・ランキングチャート」の解説である。もちろんこのほかにもまだまだたくさん「暗渠サイン」はあるはずだ。あなたなりの「暗渠サイン」を見つけ出し、あなたの街を暗渠目線で再発見してみよう。

参考文献

『川の地図辞典　江戸・東京／23区編』菅原健二、之潮、２０１２
『東京銭湯お遍路ＭＡＰ』平成19

年版、東京都公衆浴場業生活衛生同業組合、草隆社

第2章　暗渠のいろんな顔

車止め、集めて、比べて、分けてみた

髙山英男

分類という病

病癖とは、病的なまでに根強い癖のことを指すが、このご時世、だれもが何らかの病癖めいたものを持って生きているのではないだろうか。

私が抱えているのは、「分類癖」である。あるまとまった数のモノやコトを目の当たりにすると、どうしても、似たものを集めて並べて、名前を付けたくなるという病。ことの初めは、30年前に社会人となるとともにマーケティングという職種についてからだと思う。マーケティングは分類から始まる。世の中のトレンドや、市場にあふれる競合商品、広告施策などなどを集めて分けることである。もちろんそれらは、次のビジネス上での一手を考えるためのプロセスに過ぎないので、分類すること自体が目的ではない。しかし、そのプロセス自体が愉しくて、実に気持ちいいのである。特に二つの基準を縦軸と横軸に組み合わせ、いわゆるマトリクスにして分類するやり方。

一時期はこれにもう一つの基準を加えて3次元マトリクスなども試してみたが、やはり徹底的に吟味した二種の基準でエイ、ヤッと世界を斬ってみせるその潔さが心地いい。仕事に限らずプライベートでも、この「2軸で斬って」世の中を見ることが身に沁みついてしまって、たくさんあるものを見ると分類せざるを得ないのだ。病のように。

車止めを分類する縦軸・横軸

さて車止めの話である。車止めは、第1章でも触れたとおり、有力な「暗渠サイン」だ。重量が大きい＝蓋をしただけの道路に与えるダメージが大きいクルマの侵入を、身を挺して防いでいる、いわば暗渠の番人のような存在である。暗渠マニアにとってはたいへんに身近で、かつ尊い暗渠の付帯物件だ。

車両が入るのを防ぐこと、が本来の基本機能であるのだが、おもしろいのはこの車止め、そのところどころでいろいろな形のものが置かれている。以下、自分の病を抑えきれず、分類してみた結果についてご紹介していく。

どうもさまざまな車止めを見ていると、単に車が通れないよう物理的な障害物となっているものに加え、必要以上に構造や意匠に手が掛かっているタイプのものが存在する。この、意匠が込められる度合いを「リッチ／シンプル」として横軸に採用しよう。いっぽう、車止めの躯体を利用して、何らかのメッセージを伝えているタイプも存在しているようだ。そこで縦軸には、このメッセージ性の「高い／低い」を据えることとする。この縦軸・横軸を組み合わせたマトリクス上で、車止めの分類を展開していく（図1）。

基本形、【ホネだけ】クラスタ

まず分類にあたって基本となるのは、意匠もシンプルで、メッセージ性も低いという、マトリクスでは、左下にポジションを取る車止めであろう。もう車止め以上でも以下でもない、純粋に「車を止めるという課題に対し、ストレートに回答している」もっとも洗練されたソリューションとしての車止めである。このような、侵入を阻害するための最低限の構造を取っているものたちが【ホネだけ】クラスタだ。

しかしこのクラスタにあっても、たくさんのバリエーションが存在しており、観察に飽きることはない。このタイプにあって最も素っ気ないものが、「道の真ん中に一本柱を立てている」形状のものだ。私はこれを「Ｉの字」と呼んでいる。形状がシンプルなだけに、「Ｉの字」形状でも木製や金属製やコンクリ製など素材も千差万別、カラーリングもいろいろあるので、極めようとすれば底の見えない畏れさえ感じてしまう。

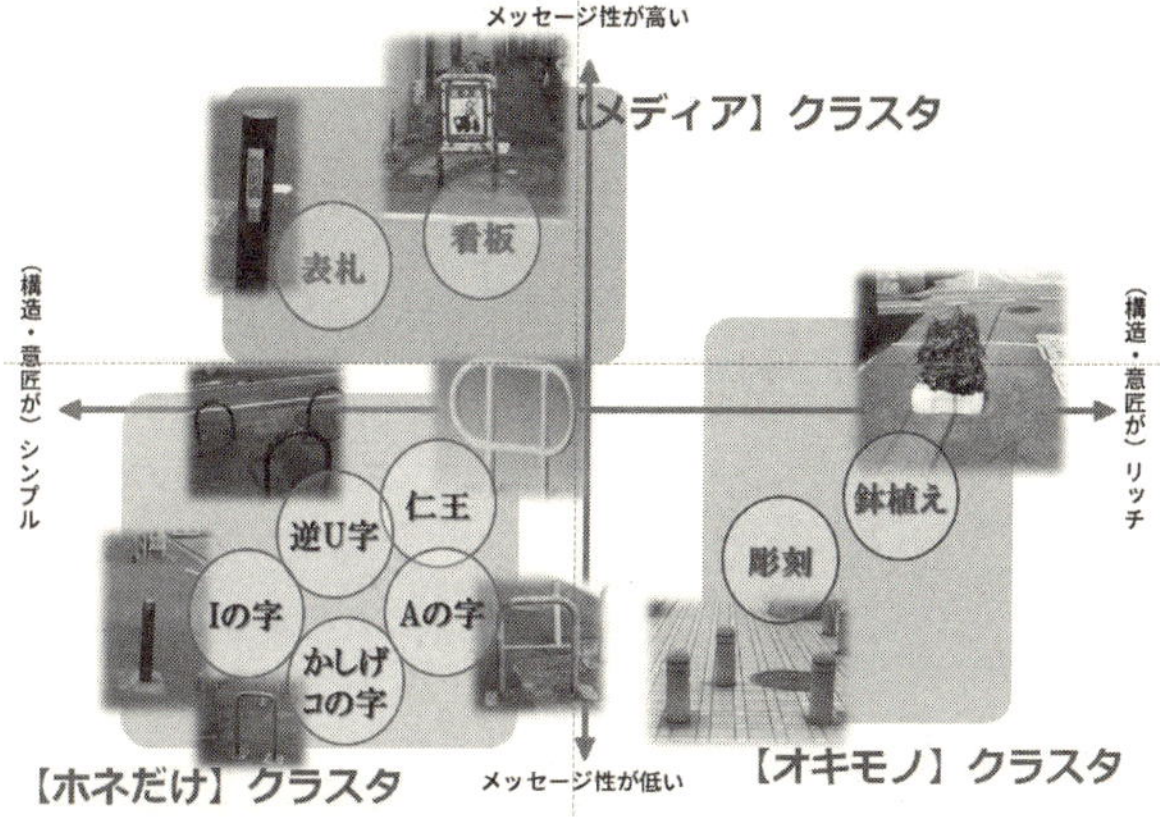

図１　構造、意匠の度合い（横軸）とメッセージ性の高低（縦軸）による車止めの分類。
写真１　【ホネだけ】クラスタ「Ａの字」がたくさん並んでスクラムを組んでいるのは、板橋区蓮根川の暗渠。

一本柱だけでは心許ないのであろうか、阻止面積を稼ぐための工夫が凝らされたのが、「逆U字」「かしげコの字」「Aの字」と、形状の細かな違いに合わせて私が勝手に呼んでいるものたちだ。「逆U字」は丸みを帯びたアーチ型の二本足の車止め、「かしげコの字」は角張った感じの二本足、「Aの字」は、丸かろうが角張っていようが、二本足の間に横に一本梁が通っている形状である（写真1）。また、二本足でさらに左右に向かってでっぱりを作っている形状もよく目にすることがあるが、これはまるで「腰に手を当てて両肘を拡げている」かのようにも見えるので、「仁王」と呼ぼう。もちろんこれらのタイプでも、素材、カラーリングはさまざまだ。

空間をおしゃれに演出、【オキモノ】クラスタ

次にご紹介するのは、【ホネだけ】の右にポジショニングされる「構造や意匠がリッチ」なものたちだ。装飾を入れるなどの趣味性が加えられ、車止め以上の何かになろうとしているその姿はまるで、家の箪笥の上などに置かれ、部屋を飾る置物のよう。これが【オキモノ】クラスタである。意匠が込められている時点で、なんらかのメッセージも含まれている、という考えから、縦軸でも若干上までカバーするポジションとなる。

具体的には、二本足の車止めの中央空間にメッシュ板を入れてあるもの、私が「彫

刻」と呼んでいる、ホネの表面にレリーフの如き模様が刻まれているものなどがこれにあたる（写真2）。また、ある暗渠上では、小さな湯船のようなコンクリート製の「器」の躯体に、土が盛られ花が植えられている車止めが置かれているが、私が「鉢植え」と呼ぶこのような車止めこそまさに、【オキモノ】クラスタの中でも最右翼に位置するものなのではないだろうか（写真3）。

何かを伝える【メディア】クラスタ

三つめは、【ホネだけ】の上のほうに位置づけられる「メッセージ性の高い」クラスタである。車止めの躯体に文字や図版を盛り込み、自らが情報媒体となって誰かに何かを伝えようとしている【メディア】クラスタだ（写真4）。車を止める以上の機能を果たすために、モノによっては構造もやや複雑になるものもあるので、横軸上でも若干右に膨らむポジションとした。

これらは、そこにあった橋の名前だったり、街の歴史の説明だったりと文化的なメッセージを発信しているケースもあるが、交通標語、安全標語、ゴミ出しの案内など、地域の暮らし情報を掲示するものも多く存在する。東京の杉並区でしか見られない貴重物件「金太郎車止め」（138ページ）も、ここが遊歩道であることを示しているが、このイラストであることで、なにかそれ以上の物語がありそうな気さえしてくる。奥

写真2　板橋区の白子川兎月園支流（仮）の暗渠にて。【オキモノ】クラスタ「彫刻」タイプ。

写真3　練馬区、エンガ堀暗渠に置かれる【オキモノ】クラスタの「鉢植え」。「車止め界の問題作」として提起しておきたい。

写真4　地域密着もここに極まる、愛らしい手書き文字。【メディア】クラスタ「看板かしげコの字」。杉並区、善福寺川の支流暗渠にて。

写真5　ホンモノそっくりの鳥の意匠がついた、「看板Aの字」。マトリクスの右上に位置付けるべき【オキモノ】クラスタと【メディア】クラスタのハイブリッドタイプ。世田谷区烏山川の支流暗渠にて。

写真6　車止めの機能は果たしているが、ここで挙げるような分類に収まりきらないものもある。これはもはや「障害物」。調布市のはずれにある野川支流の暗渠にて。

深いコンテンツだ。

また、これらメッセージの内容はともかくあくまで形状に着目すると、ほんのわずかの余白のようなスペースでメッセージしているものを「表札」、堂々としたスペースを贅沢に使っているものを「看板」などと分けることができる。これらをホネの形状と組み合わせ、「表札Iの字」「看板Aの字」などと呼ぶことにしよう（写真5）。

分類の果てに

以上、二つの軸を使って車止めを分類し、特徴的なものに愛称などつけてみるなどして戯れてみた。

もちろん、未だ私が出会えていない車止めも含めて、ここに紹介しきれなかった車止めもあちこちの暗渠上に、数え切れぬほど存在していることと思う。

さて、ここまで車止めのことを語ってくると、ぼちぼち「私も一台（という数え方でいいのだろうか）、マイ車止めを持ってみたい」とお考えの方も出てくるのではないだろうか。そこで販売価格もざっと調べてみた。手元の某エクステリアメーカーカタログによれば、「かしげコの字」（鋼管・埋め込み固定式）で2万円強、「仁王」（同じく鋼管・埋め込み固定式）で3万円強というお値段である。ちなみに、ともに固定式でなく抜き差しができるタイプになると、だいたい1万5000円くらい高くなるようだ。まあ、その気になれば、アオキやコナカでスーツを買うくらいの値段でマイ車止めが手に入るのである。何かの時のために憶えておきたい。

蛇行する暗渠

本田創

蛇行とは

「蛇行《だこう》」とは本来、読んで字のごとく、へびが這うように曲がりくねって行くことを指す言葉だが、ふつうは、川がS字を繋ぎ合わせたように曲がりくねって流れている区間を指す言葉として使われる。よくイメージされるのは、大河の下流部のように、Ω字のように極端に曲がりくねった蛇行であろう。それらの蛇行区間が、洪水や改修工事で切り離され、三日月湖になるような事例も、教科書や図鑑などでおなじみだ。そこまでではなくとも、川が左右に曲がって流れている様子はごく普通にみられる光景だ。**写真1**は杉並区成田西の善福寺川緑地を流れる善福寺川。川の流れが緩やかにS字を描いているのがわかるだろう。

写真1

写真2

暗渠の蛇行——車道、路地、蓋暗渠

もともと川であった暗渠も、川と同じように蛇行している。周囲の道と異なる動きを見せる暗渠の蛇行は、そこが川だったことを示す大きなしるしの一つだ。**写真2**は、渋谷区神宮前の、とある裏道。何も知らなければ、道が不必要に連続S字カーブを描く様子は不可解に思えるが、ここが暗渠だと知れば、それがかつて流れていた川の蛇行に由来するものだということがわかるだろう。ここにはかつて渋谷川が流れていた。その暗渠が道路になっているのだ。S字のラインを強調する白線は、あたかもここがかつて川であったことを示しているかのようだ。

つぎは、文京区大塚の、水窪川の暗渠の路地（**写真3**）。みごとなS字の蛇行は、川そのものだ。暗渠沿いの擁壁やブロック塀も、丁寧に曲線をなぞっている。水窪川は東池袋に流れを発し、江戸川橋で神田川に合流していた小さな川で、昭和初期には暗渠化されている。改修する間もなく暗渠となったのか、今でも曲がりくねった路地が続いており、辿っていくと川を流れ下っていくような感覚になる。

舗装されずにコンクリート蓋をされただけの暗渠でも、蛇行はみられる。**写真4**は調布市菊野台の深大寺用水の暗渠だ。用水路といっても、この付近は自然河川を利用しているため、自然に緩やかに蛇行している。蓋の隙間から中を覗くと、水路がギリ

写真3

写真4

ギリのところまであるのがわかる。丁寧に繋げられたコンクリートの蓋はまさに「蛇腹」のように見える。

蛇行の重なり

善福寺川に並行して流れる傍流のコンクリート蓋暗渠（**写真5**）。暗渠を含む道自体が緩やかにカーブを描いているが、そこに埋め込まれたコンクリート蓋の暗渠はその中でさらに左右に蛇行していて、面白いビジュアルとなっている。道路として求められるカーブの度合いと、そこに流れていた川の蛇行のぐあいの兼ね合いでこのようにずれが生じたのだろう。残念ながらこの暗渠は２０１０年代前半にはアスファルトで埋められてしまった。

一方、逆に直線に近い暗渠の上に、細かい蛇行が人工的に再現されている場合もある。**写真6**は渋谷区富ヶ谷、宇田川の暗渠上に設けられた遊歩道だ。川は暗渠化されるまでにかなり直線的に改修されていたが、暗渠化後に遊歩道に整備した際、川の流れをイメージしたのか、植え込みと敷石を使って蛇行が表現された。暗渠の下の水はまっすぐに流れるのに、その上を歩く人々は蛇行して進む、といったねじれた関係がそこにある。

写真5

写真6

俯瞰と水平

暗渠に限らず、都市河川の場合は護岸工事で流路を固定されていることが多く、蛇行を生み出す浸食作用はそれ以上進行しない。そして蛇行も護岸工事の段階である程度、直線と曲線の組み合わせに改修されている、したがって、暗渠に残る蛇行も、そのようなプロセスを経て、ある程度人の手が加わったフォルムを持つことが多い。それでも、中には自然の蛇行がそのまま改修されることなく暗渠になったようなところもある。**図1**は狛江市岩戸南に残る岩戸川の暗渠だ。現在緑道となっているが、その蛇行は、自然河川の蛇行する様子そのものだ。この暗渠を歩いていると、あまりに次から次へと曲がりくねっているので、次第に方向感覚がなくなっていく。

地図上ではこのようなはっきりした蛇行が目立つが、そうではないところでも、実際に歩いてみると、蛇行しているように感じることも多い。**写真7**は渋谷区笹塚の神田川支流（通称和泉川）の暗渠だ。俯瞰の目線で見た地図上では、ほぼまっすぐに描かれている区間が、地図と異なり目線の高さから水平にみることで、蛇行が強調されこのような風景が生まれる。さらに、暗渠は両側に建築物がせまっていることが多く、先が隠れて見通せない。そのことは、暗渠を辿る際に、この先を曲がったらそこに何があるのか、という楽しみを生み出している。また、蛇行は眼差しの方向に左右の振

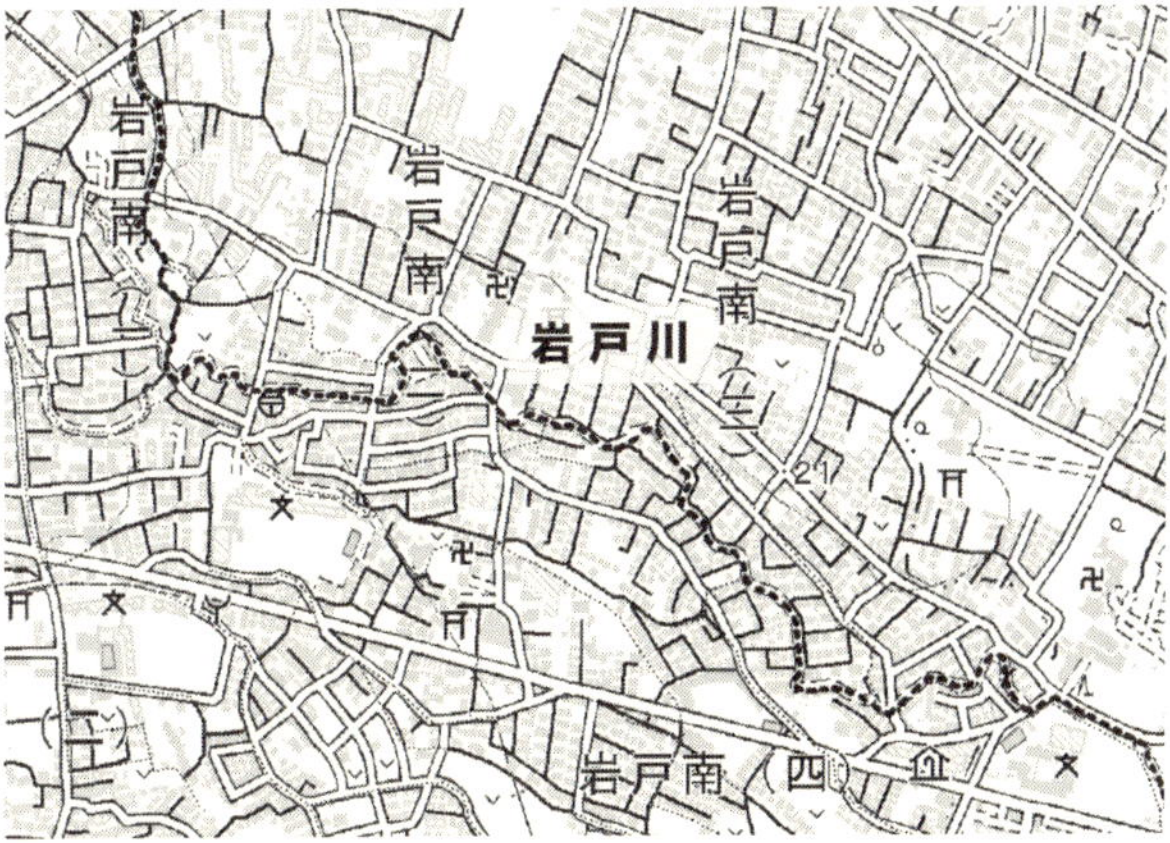

図1

写真7

幅を生む。それはあたかも川を下っているような感覚をもたらし、そこに確かに川が流れていたという実感を呼び起こすことだろう。暗渠をたどり、失われた川を感じとるうえで、蛇行はこのうえない入り口だといえる。

排水管の継手と暗渠

本田創

暗渠の継手

暗渠沿いでは様々な「暗渠サイン」が見られるが、それらの中でも風景に大きな違和感をもたらしているものの一つが、突き出した排水管だ。擁壁や段差、家々の塀から突き出し、ぐいっと下方に曲がって暗渠の路面下に潜っていく排水管を、暗渠沿いではしばしば見かける。これらは概《おおむ》ね、暗渠になる直前、川が下水道代わりの排水先として利用されていたことを示している。

くいっと曲がっているパーツは「継手《つぎて》」という。壁面や地中に埋め込められずに露出しているのには、おのおのの場所により事情があるのだろうが、いずれにしても地中に潜り下水道となった暗渠に、今までどおり排水を流したいために、継手を使って排水管と暗渠を繋いだのだろう。雨樋などの配管が壁面などに設けられているのはよく見られるが、このように継手の前後だけが突き出している風景は、暗渠沿い以外ではあまり目にすることがないように思える。そこで、継手のある暗渠風景をいくつか見てみよう。

曲がるタイプ「エルボ型」

写真1は世田谷区南烏山の、烏山川の暗渠で見られた継手群だ。路面ぎりぎりの道端に、排水管の継手が露出している。継手には口の数と曲がり方とその角度によっていくつかタイプがある。このように曲線で90度曲がるタイプは「90度大曲りエルボ」と呼ばれている。つまり、肘、だ。道端に、突き出した肘が並ぶ風景、ということになる。

暗渠が谷戸の縁を流れているような場合、暗渠沿いは得てして切り立った擁壁の崖となっている。その上から暗渠に向けて排水を落とすために、擁壁に開いた排水口を直角に曲げ、直線の長い配管をつないで、暗渠の路面まで下ろしている場合もよく見られる。**写真2**は練馬区向原の、エンガ堀暗渠に面した排水管と90度大曲りエルボだ。擁壁の上には学校のプールがあり、おそらくその排水を暗渠に流すためのものだろう。排水管は一般的には塩化ビニール製のものが多いが、このように規模の大きいものは頑丈な鉄製となっている。一方、暗渠化の時期が古いところなどでは、陶管のものも残っている。

写真1

写真2

分かれるタイプ「チーズ型」「Y型」

エルボ型以外に、継手の先が二股に分かれているものが、ぽっこりと飛び出しているものもよく見かけるだろう。**写真3**は世田谷区桜上水の、北沢川支流の暗渠だ。暗渠沿いのブロック塀からT字型の継手が突き出し、片方に路面への配管が繋がれている。このタイプの継手は「90度Y型」もしくは「チーズ型」と呼ばれている。分岐点がカーブしているのが前者、完全に直角に分岐しているのが後者となる。「チーズ型」は乳製品ではなく「T」の複数形だそうだ。写真のものはよく見ると一応カーブがつけられているので、「90度Y型」だろう。ふつうなら配管の分岐に使われるのだろうが、片方の側は蓋がしてあるだけだ。点検や清掃用の口として使われるのだろうか。接続のない側の突起は、エルボ型よりもさらに、路上に違和感をもたらす。

継手の組み合わせ

これらの継手を組み合わせてある場合もある。**写真4**は世田谷区松原を流れていた北沢川支流の暗渠である。川が流れていた頃からあったであろう、苔むした古い擁壁から飛び出した排水管は、暗渠の風景にアクセントを添えている。ここでは「90度大曲りY型」継手に直線の配管をつないで高低差を補い、さらに別の継手で少し曲がっ

写真 3

写真 4

写真5

てから路面下にもぐりこんでいる。この少し曲がっている継手は「45度エルボ」と呼ばれるタイプのものだ。

そして**写真5**は渋谷区代々木の「春の小川」こと河骨川の暗渠上に突き出た排水管。奇怪な形状となっているが、よく見てみると「45度Y型」「90度Y型」「90度大曲エルボ」の三つの継手を組み合わせていることがわかる。

壁面の出口と、路上の入り口の間をなんとかスムーズに繋ぐために、あるいは排水管の中を清掃できるように、無理やり繋げられた継手は、本来の目的を離れ、暗渠上のオブジェとして異彩を放つ。

継手に滲み出る哀しみ

ここまで、もっともらしく継手の名称を記したりして、いくつか事例を挙げてきたが、個人的には特に継手のパーツ自体に興味があるというわけではない。継手や排水管が暗渠のほとりに存在するにいたった経緯を想うとき、そこになんともいえぬ感慨を覚えるのである。

写真6は世田谷区上用賀の、谷沢川の支流。ここはつい最近、水路に蓋がされてしまい、蓋の下に継手が接続された。蓋がされる前の、わずかながら水が流れていた風景を思うと、なんとも切ない。

そして**写真7**は、世田谷区北烏山の、烏山川源流部の暗渠だ。いくつもの継手が路面近くにひっそりと飛び出しているこの光景が成立したのはそれほど昔のことではない。1990年代初頭にこの場所を訪れたとき、川はまだ暗渠にはなっておらず、コンクリート張りの水路が住宅の裏手の合間を流れていた。かつて世田谷の水田を潤した烏山川の源流のひとつであったその水路に流れていたのはしかし、白く濁った排水であり、その姿はもはや川と呼べるような状態ではなかった。数年後、川は埋め立てられ、下水管が敷設された暗渠となっていた。無残な川の姿を見ないで済んだことに、ある意味ほっとした自分がいた。そのほとりに並ぶ排水管の継手は、川の最期の姿を思い出させ、地下に収まりきらなかった暗渠の哀しみの表出であるように思えた。

写真 6

写真 7

写真8

面白うて　やがて悲しき　継手かな

というわけで、最後におまけ。**写真8**は、世田谷区弦巻の、蛇崩川暗渠の緑道に大量に並ぶ巨大な継手のオブジェ。暗渠と継手のただならぬ縁を意識してつくられたものかどうかはわからない。蛇崩川だけに、蛇足でした。おあとがよろしいようで。

暗渠に架かる橋——大正13年に架けられた四つの橋跡を巡る

本田創

水のない橋

暗渠を辿っていると、かつての橋の痕跡に遭遇することが、ままある。川が流れていた頃に架かっていた橋は、川が暗渠化されたり埋め立てられて歩道や道路となると通行の邪魔となり、それゆえ撤去されてしまうことが多い。一方で、橋の親柱や欄干などが、車止めの代用として、あるいはモニュメントとして残されている場合や、まるごとそのままの姿で残っている場合もある。川は暗渠となってその水面を失い、周囲の風景も変わっている。なのに、橋だけは残っている。それは風景の中に潜む時空のエアポケットであり、断層であるといえるかもしれない。

暗渠・川跡に残る橋や橋の痕跡には様々なバリエーションがあるが、ここでは少し視点を変え、橋が架けられた年代に着目してみよう。暗渠が語られる際に、ときどき

「昭和の風景」といったようなワードが出てくることがあるが、ここではさらにその前の大正時代、同じ大正13（1924）年に都区内の別々の場所で架けられ、今もなおその姿をとどめる三つの橋を紹介してみたい。関東大震災で東京が壊滅状態となったのが大正12（1923）年のこと。その翌年にこれらの橋は架けられ、橋の架かっていた川が姿を消した後も、90年以上の歳月をくぐり抜け今まで生き残って来た。そして、同じく大正13年に架けられ、最近まで残りながらも架け替えられてしまった一つの橋も紹介しよう。

新坂橋（三田用水猿楽口分水跡）

渋谷駅から東急東横線で一駅の代官山駅近く。道端にひっそりと片方だけ、半ばアスファルトに埋もれた欄干が残されている（**写真1、2**）。親柱に刻まれた名前は「新《しん》坂《さか》橋」。旧山手通り付近を流れていた三田用水から、渋谷川に向かって流れていた「猿楽口《さるがくくち》分水」に架かっていた橋だ。反対側の親柱には「大正十三年」と刻まれている。欄干の奥には、かつての水路の痕跡である空き地があったが、現在は資材置き場となっている。道を挟んで欄干のない側にはマンションが建ち、川の痕跡は全くない。

新坂橋の架けられた翌年、水路が流れる谷の斜面に「同潤会アパート」の建設が始まった。関東大震災からの復興の過程で造られた、当時最先端の鉄筋コンクリートア

写真1　新坂橋

写真2　新坂橋（東急東横線地下化前）

パート群は、木々の緑に囲まれ独特の雰囲気を漂わせ、代官山の名所となっていたが、90年代半ばに取り壊され「代官山アドレス」となってしまった。さらに、そばを通る東急東横線も地下化され、橋の先にあった踏切はなくなった。大規模な再開発によって周囲の風景が地形を含めて一変した中で、新坂橋の欄干が生き残っているのは奇跡的と言えるだろう。特に保存措置がとられている訳でもなさそうで、ここ何年かでも橋の名前のところがだいぶボロボロになったように思える。このまま自然に朽ち果てていってしまうのだろうか。

庚申橋（桃園川旧水路跡）

ＪＲ中央線荻窪駅の北西にその流れを発し、東中野駅の南東で神田川に合流していた桃園川は、１９６０年代半ばには暗渠化され、現在は緑道となっている。桃園川の暗渠にはあちこちに橋が残っているのだが、暗渠の緑道から少し離れた、中野駅南方の住宅地の中にぽつんと、古びているがかなりしっかりとしたつくりの欄干が片方だけ残っている。親柱の片方には「かう志んはし」、もう片方には「大正十三年一月二十六日」と記されている（写真3、4）。震災からわずか4か月後だ。かつて、桃園川はこの辺りを大きく蛇行して流れていた。その旧水路に架けられた橋のひとつがこの「庚申橋」だ。川は昭和初期から戦前にかけ直線状に改修され、現在暗渠となってい

写真3　庚申橋

写真4　庚申橋

るのはそちらの水路だ。そのため、暗渠のほうに残る橋は古くとも昭和一桁生まれのもの。大正時代の橋の痕跡はおそらくここだけではないだろうか。

橋の向こう側にはかつて水路があったはずだが、現在では住宅が立ち並び、空き地が少しだけ残っているほかは、特に川を思い起こさせる痕跡はない。橋の脇を通り抜けていく人たちのうち、どれほどの人がこの欄干に気を留めることがあるだろうか。そもそもなぜ、この欄干だけが忘れられたように残されているのか、謎だ。

相生橋（玉川上水旧水路暗渠）

玉川上水は言うまでもなく、江戸時代から1960年代まで300年にわたって、江戸～東京の上水道を支えた大動脈だ。1965（昭和40）年に送水先の淀橋浄水場が廃止されると、下流部は一部を除いて暗渠化された。さすがに下水道への転用はされておらず、暗渠の水路は現在でも四谷大木戸まで通じているという。新宿から京王線で二駅、幡ヶ谷駅の近くを流れている玉川上水旧水路の暗渠は、木々の生い茂る緑道となっていて、現在でもいくつも橋が残っているが、暗渠化後に架け替えられているものも多い。

そんな中で「相生橋」は、大正13（1924）年にかけられた橋が、橋桁を含めほぼそのまま全部残っている。親柱には「阿以をいばし」と優雅に刻まれた橋名、欄干

写真５　相生橋

写真６　相生橋

はシンプルだが緩やかに弧を描いていて、気品がある（写真5、6）。ほかの親柱には建立者の名前が記されており、個人橋だったのかもしれない。玉川上水が開渠だった頃の写真を見ると、橋の姿は現在と全く同じで、両側はれんが造りの橋台に支えられていたようだ。この土台のおかげで今も生き残っているのかもしれない。

二軒家橋（神田川支流（和泉川）暗渠）

二軒家橋は、大江戸線西新宿5丁目駅のほど近く、神田川支流（一名和泉川）に掛っていた橋だ。神田川支流は、京王線代田橋駅西方にその流れを発し、渋谷区北部を流れて西新宿で神田川に注いでいた川で、先の桃園川などと同じく、1960年代半ば、高度経済成長期に暗渠化・下水幹線化された。中・下流部は、川に蓋をしてそのまま下水幹線に転用したようなかたちとなっていて、暗渠上も公園や遊歩道になっているためか、数多くの橋が残されている。ただその大部分は、通り抜けしやすいように欄干の中央が切断されてしまっていたり、床版だけ残されたりと手を加えられている。

そういった中で、大正13（1924）年に架けられた「二軒家橋」は、ほぼすべてがそのまま現役で残っていた（写真7）。そう、2011（平成23）年までは。取り壊す費用がなく残されたとも言われていた橋は2010年秋に5000万円で落札され

写真7　二軒家橋（撤去前）

写真8　二軒家橋（撤去後）

た工事で、跡形もなく撤去され、跡にはボックスカルバートが埋められた（写真8）。たまたま撤去予算が計上されたことで、大正・昭和・平成と生き延びてきた橋の命運は尽きた。橋名を記したモニュメントのような欄干が両側につくられ、一応橋を架け替えた体裁にはなっているものの、かつてのシンプルだがちょっとした意匠を施した、当時の流行を偲ばせる橋の面影は全くなくなってしまった。川や川跡・暗渠沿いには、人知れずこんな古い風景の痕跡が残っていて、そしてこんな風に、ある日突然、人知れず消えていく。

生き残った橋、秘める記憶

先に記した通り、これらの橋はいずれも大正13（1924）年に架けられた。前年9月1日には関東大震災が起っており、これらの橋は震災からの復興の過程で架けられたと言える。おそらく震災の教訓もあって、当時としてはいわば最先端の鉄筋コンクリートで、そしてある程度頑丈に架けられたのだろう。震災直後の架橋は、周囲の住民にとって様々な感慨をもたらしたのではないか。また、いずれの橋も山手線の外側にあり、震災後に急速に都市化が進んだエリアにもあたる。橋が架かった時点ではおそらく周囲は長閑《のどか》な田園風景だったろうが、その後の風景は一変しただろう。

これらの橋はその後、戦争をくぐり抜け、高度経済成長期やバブル期の開発をやり過ごし、橋の架かっている川が姿を消し、周囲の風景や建造物もどんどん変わって行く中で、それぞれの場所で、93年という歳月を生き残ってきた。

川がなくなってしまい、橋としての機能を失ったが故に、これらの橋はめまぐるしく変わり続ける東京の風景の中で、忘れられたかのように、架けられたときの姿を（一部だとしても）留めてきたのだろう。一方で、これらの橋は特に「保存」されている訳ではない。歳月の流れは否応なくコンクリートを風化させていくだろうし、二軒家橋のように、行政の気まぐれで、急に思い出されたかのように撤去されてしまったりつくり替えられてしまったりするかもしれない。

かつて、橋の下をさらさらと流れていた川の水、日々の暮らしの中で橋を行き交った多くの人々。中には欄干にもたれて一休みする人もいれば、橋から水面を見下ろす人もいただろう。あるいは橋から川に落ちた人もいるかもしれない。そして年月とともに、橋を渡る人も、その姿も変わり、橋の下の川も使命を失い、その水面を失った。取り残された橋は、過ぎ去った年月の中で折り重なった川と人の失われた記憶を秘めて、町の片隅にひっそりと潜んでいる。その姿に、時には歩みをとめて想いを馳せるのもいいのではなかろうか。

生きている暗渠
――水路橋や水門へと続く、かつての上水路をたどる

本田創

川や水路に蓋をしたり、地下に埋められた暗渠。それらは、生活排水が流れ込み、人びとから疎ましがられて蓋をされたり、下水と化してしまったものも多い。一方で、特に用水路などの暗渠の中には、中をしっかりときれいな水が流れていて、途中から顔（水面）を出し、その水路の本来の役割が変わっていないものもある。大部分の暗渠が下水となった東京にも、そんな水路がいくつか残っている。玉川上水の分水路を二つほど、みてみよう。

柴崎分水――暗渠から水路橋へ

東京都内西部では最大の駅であるＪＲ中央線の立川駅から、中央線に沿って南西に１キロほど向かった線路沿い。切り通しとなっている線路の西側に沿って通る道路端

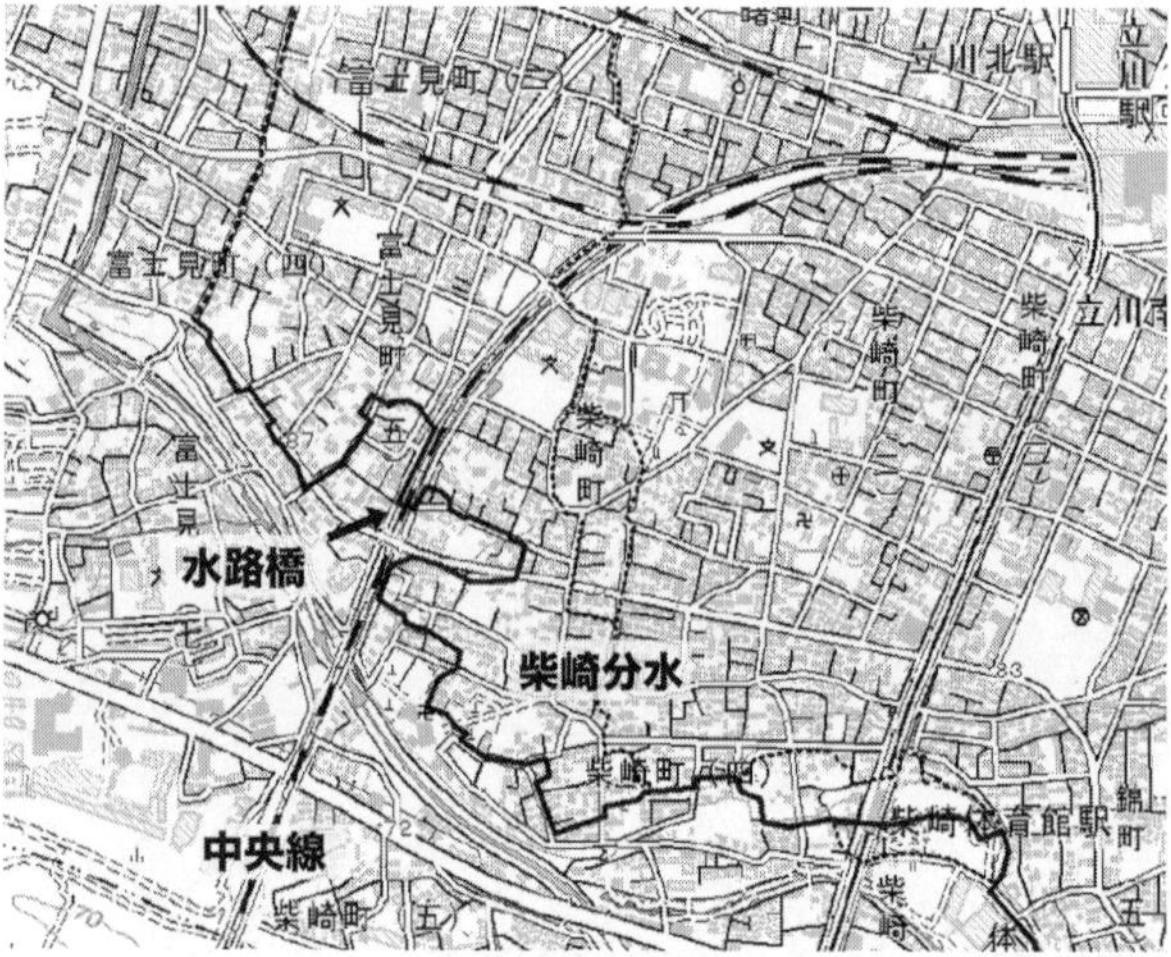

図1

に、コンクリート蓋の暗渠が続いている。比較的新しそうな蓋は一枚一枚が縦長で道路にぴったりと嵌っていて、中の水路を伺い知ることは出来ない。この暗渠をしばらく南西へと辿っていくと、やがて暗渠は切り通しのほうに向かって曲がっていく（写真1）。

曲がった先のフェンス越しに覗きこんでみると、中央線の線路の上を跨いで送水管が架けられ、切り通しの向こうへと続いている（写真2）。そして、反対側に渡ってみると、送水管のたもとから再び暗渠が数メートル続いたのち、水路が顔を出している。玉石を護岸にした古そうな小さな水路に、さらさらと澄んだ水が

写真 1

写真 2

流れる風景は、そこまでの暗渠や無粋な送水管とは対照的だ（写真3）。

この水路は「柴崎分水」（図1）。川ではなく、用水路である。東京の山の手～武蔵野～多摩地区では、江戸時代に江戸の上水道として玉川上水が開削されて以降、そこからいくつもの分水が引かれたが、「柴崎分水」もそのひとつだ。立川市柴崎地区の飲用水を得るため、1737年に玉川上水より分水され開削された柴崎分水は、水路沿いの大部分の開発が進みかなりの区間が暗渠化された今でも、水が流れ続ける現役の用水路だ。

川と違って用水路の場合は、必ずしも谷筋を流れているとは限らない。玉川上水は、分水地点から遥か遠くの都心部へと水を届けるために台地上の尾根筋に通されており、その分水も、なるべく遠くへ、なるべく広いエリアへと水を届けるため、周囲に較べて高いところを選んで通されている場合が多い。柴崎分水も「立川段丘」と呼ばれる水の乏しい台地上のへり近くを縦横に流れて家々に水をもたらしたのち、最後の最後に段丘を一気に下って多摩川の支流に注いでいる。

一方で分水が出来てから152年後の1889年に開通した中央線は、立川駅から日野駅に向かう台地を緩やかに下るために、台地の斜面を深く切り通して線路をひいた。そんな訳で、水路は橋で線路を越えることになった。

実はつい最近、2017年の2月まで、ここには線路をまたぐ水路橋が架かってい

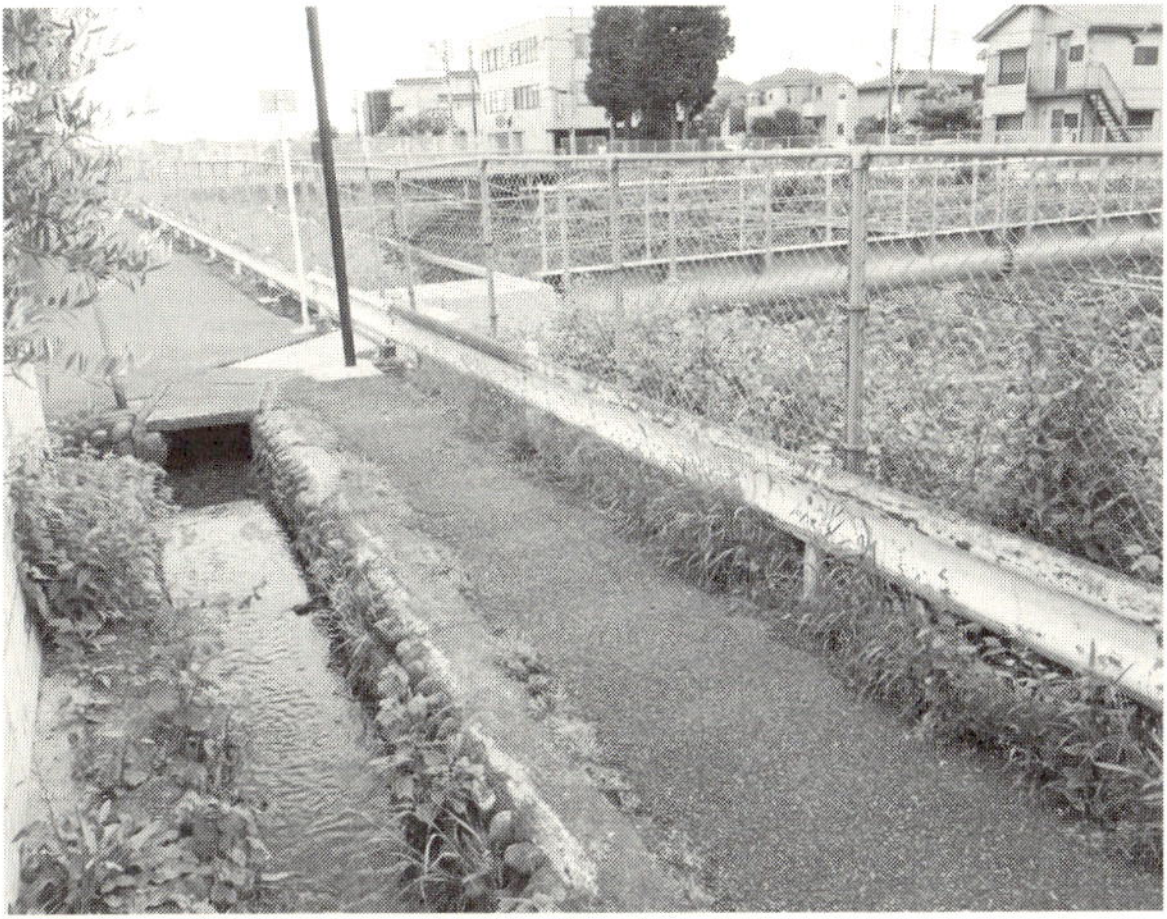

写真 3

写真 4

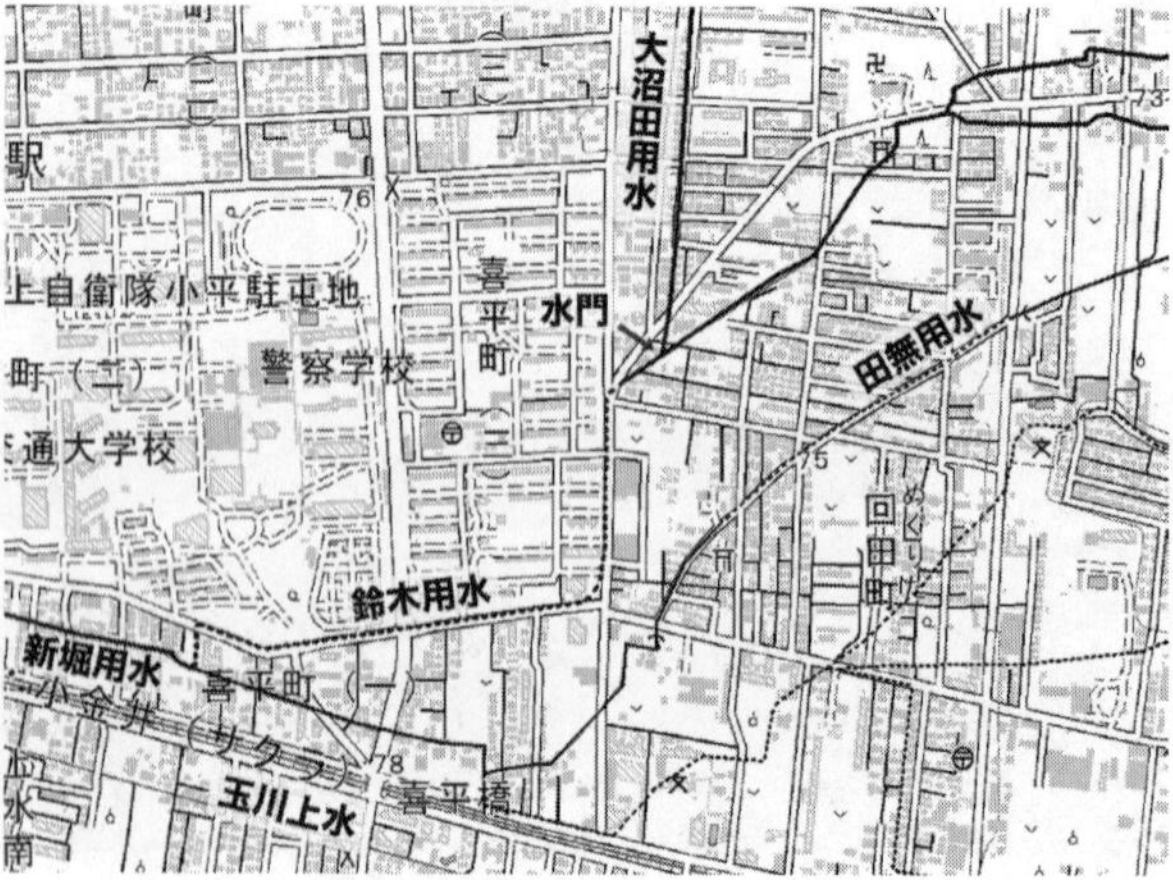

図2

た。薄いグレーの鉄製の水路橋は正式名称を「柴崎分水中央線跨線樋」といい、水面の露出した水路が浅い樋で線路を渡っていた（写真4）。頻繁に通過する電車の上を川が流れるというなかなか珍しい風景が見られた。全国的にみても貴重な橋だったといい、橋の老朽化などを理由に、架け替えられてしまったのは残念だ。とはいえ、300年近く、同じ場所を水が流れ続けてきたことを考えると感慨深い。流末には今も水田が残り、用水の水を引き入れている。

鈴木用水――暗渠からミニ水門へ

ところかわってこちらは小平市喜平

町（図2）。小平団地の東側を南北に伸びる道路の歩道に、ひっそりと古びたコンクリート蓋が続いている。300メートルほど南には玉川上水の水路。そう、この蓋暗渠も玉川上水からの分水路なのだ（写真5）。蓋は風化してあちこち壊れ、歩道を通る人も特に気にする様子もない。一見すると、すでに役割を終えた水路の残骸のようで、到底この中に水が流れているとは思えない。せいぜい淀んだ水溜りとなっているか、もしくは干上がっているか、そんな印象だ。そして数百メートル北上すると、蓋は姿を消す。

ところが。道の反対側に渡ってみると、そこから水路が姿を現している。そして、木板で土留めされた水路には、澄んだ水がとうとうと流れている。この水路は「鈴木用水」（図2）。武蔵野台地上の新田開発にあたって飲み水を確保するため、1730年に、玉川上水から分けられた用水だ。明治時代の初期、玉川上水の通船に伴う取水口の統合により、玉川上水の北側に沿って新堀用水が開削されて以降は、新堀用水から分水されている。少し下ると、かわいらしい水門が現れる（写真6）。ここで、左に「大沼田用水」が分かれていく。水門の手前には小さな堰《せき》があり、水路は等幅に分けられている。水を同じ量に分けるための工夫である。澄んだ水が結構勢いよく流れている。

現在玉川上水の本流は、小平監視所より下流は再生水、つまり下水の高度処理水が

写真 5

写真 6

流されているのだが、面白いことに、分流である新堀用水は羽村で取水され小平監視所まで流れてきている多摩川の水を、今でもそのまま取り入れている。これは、用水を現役の農業用水として使っている地域があったためだという。多摩川上流部で取水された清冽な水が、先のおんぼろの暗渠を通ってここまで流れてきていて、その水は近くの玉川上水よりも綺麗というわけだ。

右側の鈴木用水は、土管で道路の下を抜け、民家の林の中を開削当時そのままの、素掘りの水路で流れていく（写真7）。そして、鈴木街道まで流れると、街道の両側に二手に分かれ、西武新宿線花小金井駅の南東に至る。残念ながら通水は途中までとなっているが、空堀の水路は石神井川に合流する終点まで辿ることができる。途中田無用水と交差するところでは、1930（昭和5）年に架けられた小さな水路橋も残っている（写真8）。大沼田用水のほうは、よくあるコンクリート蓋暗渠の中に消えていく。暗渠をなって北上し、しばらくすると、再びコンクリートの梁付きの水路と抜けた先は、「野中用水」を分けた後、西武新宿線小平駅の東まで続いている。

用水路などの人工的な水路は、役割を終え水の供給が途絶えてしまうと干上がってしまうため、そのまま埋め立てられてしまったりすることが多い。そうした場合、谷筋で辿れる自然河川の暗渠と違って、痕跡がほとんど残らず、現地の手がかりだけで

写真7

写真8

はなかなか辿りにくい。そんな中で、武蔵野台地中部で玉川上水から新田開発時にひかれた分水は、その多くが今も姿をとどめる。柴崎分水など上流部の分水や、鈴木用水などの小平市内の分水路は今でも水が流れているところが多いし、水が流れなくなった分水でも、素掘りや簡単な護岸の水路があちこちに残っている。これらを辿っていくのは川の暗渠を辿るのと似たような楽しみがある。柴崎分水のように、水の利用に便利なようにあちこちを迂回するようなルートで流路がつくられている場合もあり、どこを通っているのか、どこに辿り着くのか、たどってみないとわからないという楽しさがある。まちを歩いていて、これらの用水路に遭遇したら、その来し方行く先を探ってみるのも一興だろう。

【文学と暗渠1】
三四郎と美禰子の歩いた川を辿る

三土たつお

夏目漱石の「三四郎」は、1908（明治41）年に書かれている。東京の川が自然の姿を保っていたほとんど最後の時代だ。ここで描かれた川をたずねてみよう。冒頭、三四郎は汽車で上京するが、その際の東京の描写がその時代の雰囲気をよく伝えている。

「三四郎」に登場する川

「三四郎が東京で驚いたものはたくさんある。（略）どこをどう歩いても、材木がほうり出してある、石が積んである（略）。すべての物が破壊されつつあるようにみえる。そうしてすべての物がまた同時に建設されつつあるようにみえる。」（「三四郎」より、以下同様）

まさにスクラップ&ビルドの時代だった。明治から大正にかけて東京の姿はどんどん変わって行き、そして川のようすも変わって行く。この頃の東京の川はどんなふうだったのだろうか。

上京した三四郎は、美禰子《みねこ》という女性と出会って、心惹かれる。しかし美禰子のほうは、気があるのかないのかはっきりしない、思わせぶりな態度。そんな物語の中盤、二人を含む一行は根津の団子坂の菊人形の催しを訪れた。しかし、混雑で仲間からはぐれてしまい、二人きりになる。奥手にみえる三四郎には頑張って欲しいところだが、どうなるか。

「谷中と千駄木が谷で出会うと、いちばん低い所に小川が流れている。（略）美禰子の立っている所は、この小川が、ちょうど谷中の町を横切って根津へ抜ける石橋のそばである。」

この場面は、暗渠好きが読むと思わずガッツポーズをしたくなるような嬉しい場面だ。谷中、根津、千駄木の一番低いところを流れる川といえば、巣鴨から不忍池までを流れていた藍染川（第３章でも紹介）に決まっている。そして、団子坂を降りてま

写真１　二人は奥の団子坂から来た。

図１　実線＝二人の歩いた道、点線＝藍染川。

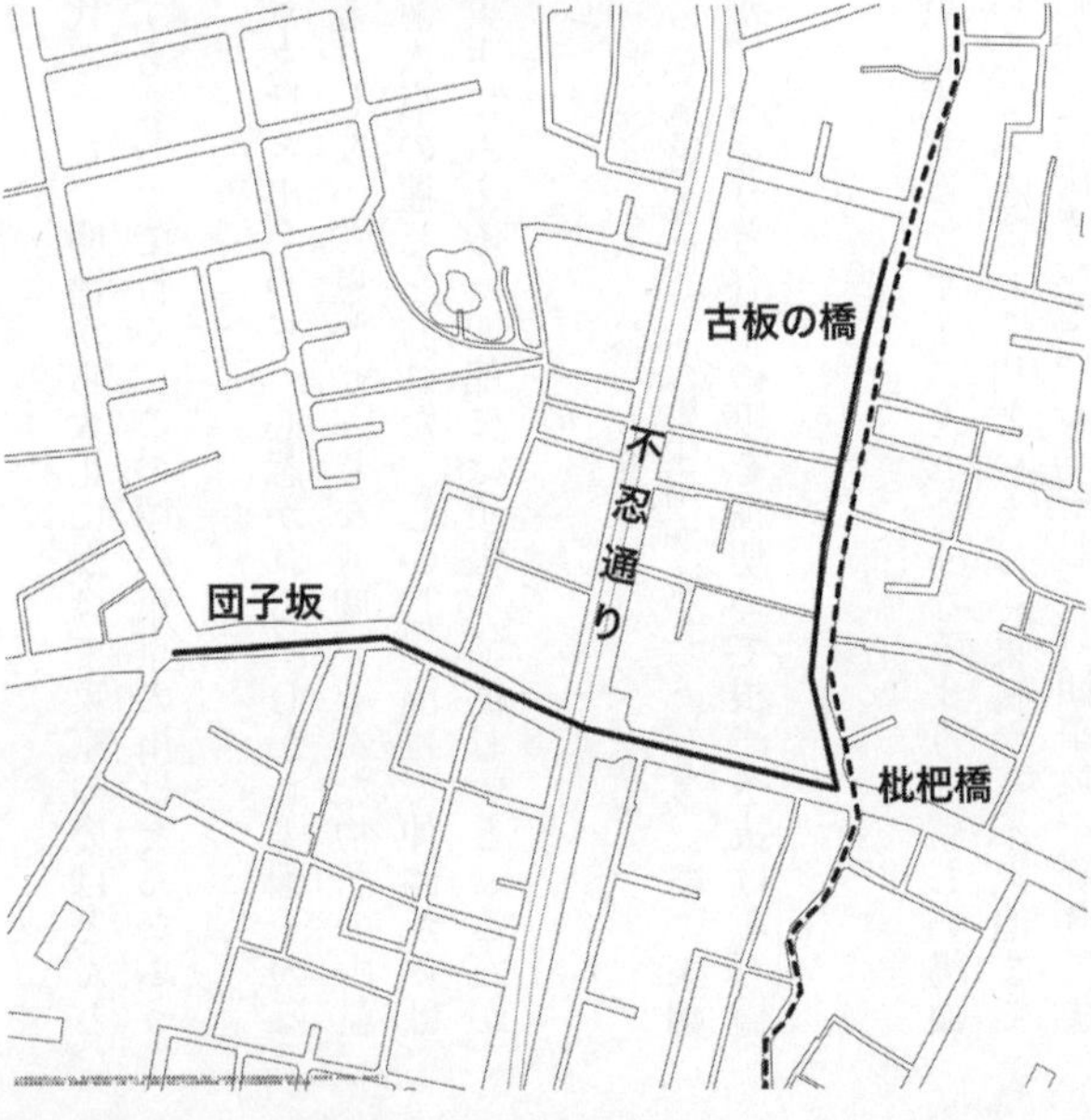

っすぐ行った先にある橋といえば、枇杷橋に違いない（写真1）。二人は団子坂を降りて枇杷橋まで歩いてきたようだ。それからどうしたか。

「二人はすぐ石橋を渡って、左へ折れた。人の家の路地のような所を十間ほど行き尽して、門の手前から板橋をこちら側へ渡り返して、しばらく川の縁を上ると、もう人は通らない。広い野である。」

左へ折れたというので、つまり北の千駄木方面へ向かったことになる（図1）。十間は約20メートルで、その辺りに板の橋があったようだが、手元の1907（明治40）年ごろの地図では枇杷橋の近くにそんな橋は書かれていない。地図には書かれない程度の小さな橋が随所にあったということなのだろう。その辺りは今は、よみせ通りという商店街になっている（写真2）。

「一丁（約100m）ばかり来た。また橋がある。一尺（約30cm）に足らない古板を造作なく渡した上を、三四郎は大またに歩いた。女もつづいて通った。待ち合わせた三四郎の目には、女の足が常の大地を踏むと同じように軽くみえた。（略）したがってむやみにこっちから手を貸すわけにはいかない。」

写真２　よみせ通り。

枇杷橋から約１２０メートル進んだところというと、今ではだいたい福丸饅頭のあたり。「10円まんじゅう」で有名なお店だ。ここで二人が渡っている橋は、幅30センチしかない板だ。いまのようすからは想像もできないが、ここにはかつて野原と川があって、無造作な橋がかかっていたということになる。いったいどんな風景だったのか。

ここに一枚の写真がある（**写真３**）。１９０２（明治35）年頃に撮影された、藍染川の風景だ。川の両岸はどうやら畑のようだ。奥の方には、いかにも幅の狭い、板のような橋がかかっているのが見える。三四郎と美禰子が渡ったのもこんな橋だったに違いない。そし

写真3　明治時代の藍染川。文京ふるさと歴史館より許可を得て掲載。個人蔵。

て三四郎はそんな狭い橋を渡る女性に手を貸すこともできていない。まるで奥手である。続きを読んでみる。

「三四郎は水の中をながめていた。水が次第に濁ってくる。見ると川上で百姓が大根を洗っていた。」

このころの藍染川は、水が泥汚れで濁っていくのが分かるくらいには澄んでいたようだ。近くでは大根を育てていたらしい。谷中しょうがは当時も作られていたようだから、しょうが畑もあっただろう。

明治時代なんだから川なんかきれいに決まってるじゃん、と思うかもしれないが、実はそうでもないのだ。「三四郎」の3年後、1911(明治44)年に書かれた森鷗外の「雁」では、同じ藍染川が次のように書かれている。

「寂しい無縁坂を降りて、藍染川のお歯黒のような水の流れ込む不忍の池の北側を廻って、上野の山をぶらつく。」

藍染川の水がお歯黒のように真っ黒だったと言っていて、さきほどの三四郎のきれいな藍染川の描写とはまったく違う。どうしてこんなにも描写が違うのか。

これは「三四郎」での記述が上流の野原や田畑近くのようすなのに対し、「雁」では下流の街中のようすであることも関係があるだろう。上流では澄んでいる川も、下流に行くに従って民家や工場からの排水で汚れていくというのはよくあることだった。この場合それは、三四郎が冒頭で目撃したような激しい都市化によるものだったに違いないだろう。

「すべての物が破壊されつつあるようにみえる。そうしてすべての物がまた同時に建設されつつあるようにみえる。たいへんな動き方である。」

美禰子はその後、自分たちが一行からはぐれた迷子だ、という意味のことを話す。

「「迷子の英訳を知っていらしって」

三四郎は知るとも、知らぬとも言いえぬほどに、この問を予期していなかった。

「教えてあげましょうか」

「ええ」

「迷える子《ストレイ・シープ》――わかって？」」

藍染川のほとりで、三四郎は特に押しの一手を出すこともできず、美禰子からストレイ・シープという謎かけのような言葉をもらって終わるだけだった。迷子というのはどうとでもとれる印象的な言葉だ。男女の状況の暗喩ととるのが普通だが、私としてはこの直後に暗渠化されてしまう藍染川もなかなかの迷子なんじゃないかという気もする。

藍染川は「三四郎」の約10年後の大正初期から徐々に暗渠化されて行く。きれいだった当時の川のようすも、だんだんとドブ川になっていくようすも、ちゃんと昔の文学作品の中に残されているのだ。

参考文献

『三四郎』夏目漱石、角川文庫
『雁』森鷗外、岩波文庫
『東京探見』堀越正光、宝島社、2005
地域雑誌『谷中根津千駄木』3号　森まゆみ他、谷根千工房

【文学と暗渠2】
玉ノ井　永井荷風と滝田ゆう
――綺譚と奇譚を結ぶ、あるドブ川

本田創

墨田の暗渠

墨田区の地図を眺めてみると、南半分は整然とした区画になっているのに対して、北半分では、あちこちに曲がりくねった道が見られる。その多くはかつての川の跡だ。川といってもこの地域は西に隅田川、東に荒川、北に綾瀬川、南に北十間川と四方を水路に囲まれた低地で、それらがどこから流れてきてどこにいっていたのか、いまひとつわかりにくい。

これらを解く鍵は荒川にある。現在の荒川は1930（昭和5）年に荒川放水路として新たに開通した水路で、それ以前、墨田区北部の川は、北側の葛飾区を流れる葛西用水やその水系とつながっていた。葛西用水はもとを遡れば江戸六上水のひとつ、

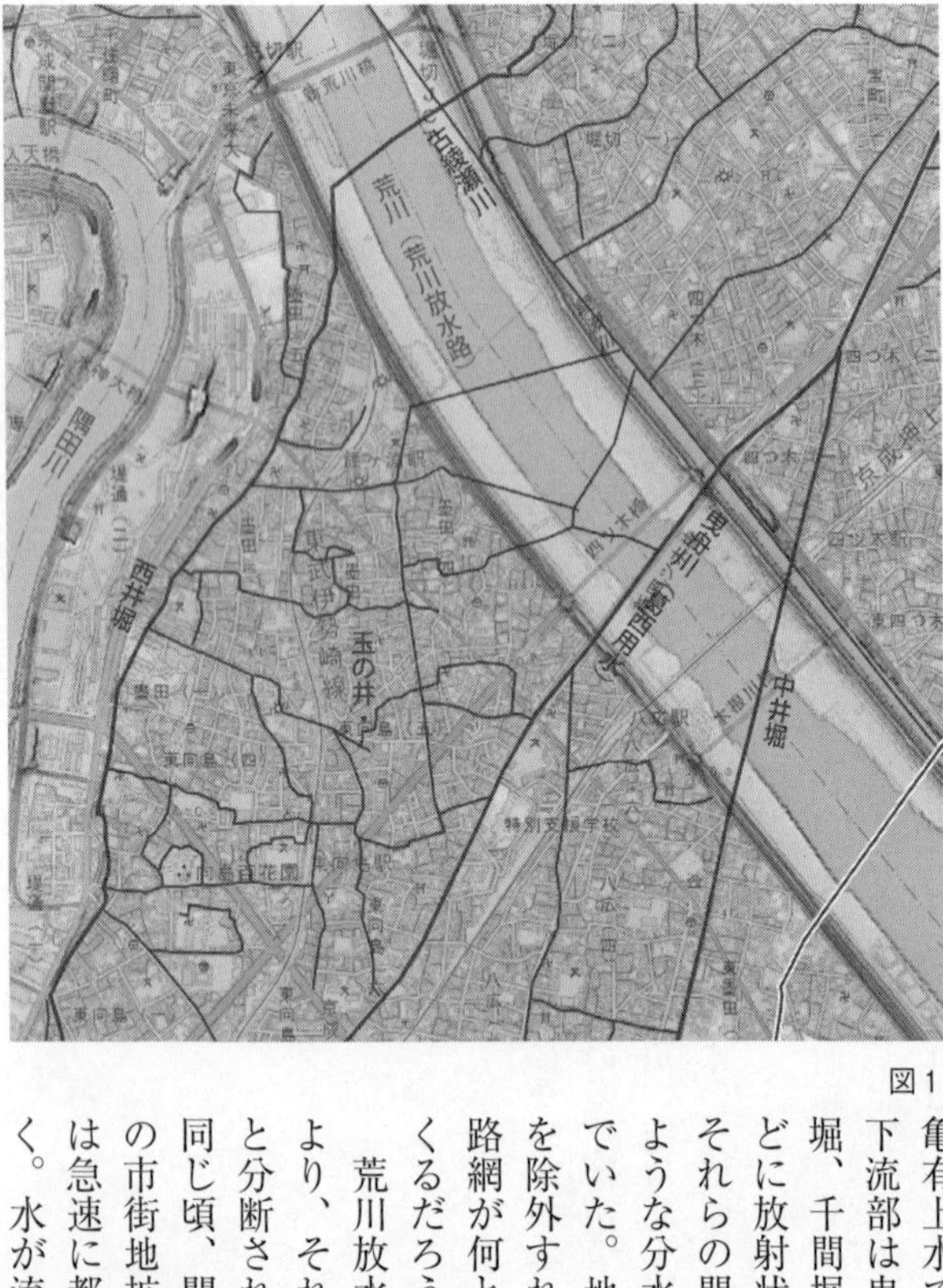

図1

亀有上水である。その下流部は曳舟川と西井堀、千間堀、中居堀などに放射状に分かれ、それらの間を網の目のような分水路がつないでいた。地図から荒川を除外すれば、その水路網が何となく見えてくるだろう（図1）。

　荒川放水路の開削により、それらは上流部と分断されてしまう。同じ頃、関東大震災後の市街地拡大で、一帯は急速に都市化していく。水が流れなくなり灌漑にも不要となった水路には、排水が流れ込み、かつての清らかな流れは一気にドブ川と化していった。そんなドブ川沿いの街の一つを舞台としたのが、永井荷風の「濹東綺譚」だ。

永井荷風「濹東綺譚」

「濹東綺譚」は玉ノ井（現・墨田区東向島）の私娼窟を舞台とした1936（昭和11）年に書かれた作品だ。私娼をいとなむ「お雪」と小説家である「私」の交情を美しい文章で綴ったこの中編小説は、荷風の最高傑作と言われている。

「玉ノ井」は現在の東向島6丁目、東武伊勢崎線東向島駅の北東側一帯にあたる。1919年（大正8年）頃より、地元地主の申請により三業地の許可を得たのをきっかけに、浅草から「銘酒屋」が移り始め、関東大震災後、焼け出された業者が大量流入する。最盛期には1000人近くの私娼がいたといい（吉原の公娼は2500人）、映画館や劇場も出来て大いに賑わった。街は形成時期により、通称一部から五部までのエリアに分かれていた（図2）。

荷風は執筆にあたり、1936年春から秋にかけてこの街を毎日のように訪れ、歩きまわって取材し、手帳に詳細な地図を書き記していった。その地図の中央、玉ノ井の一部から二部を貫く一本のドブ川が描かれている。

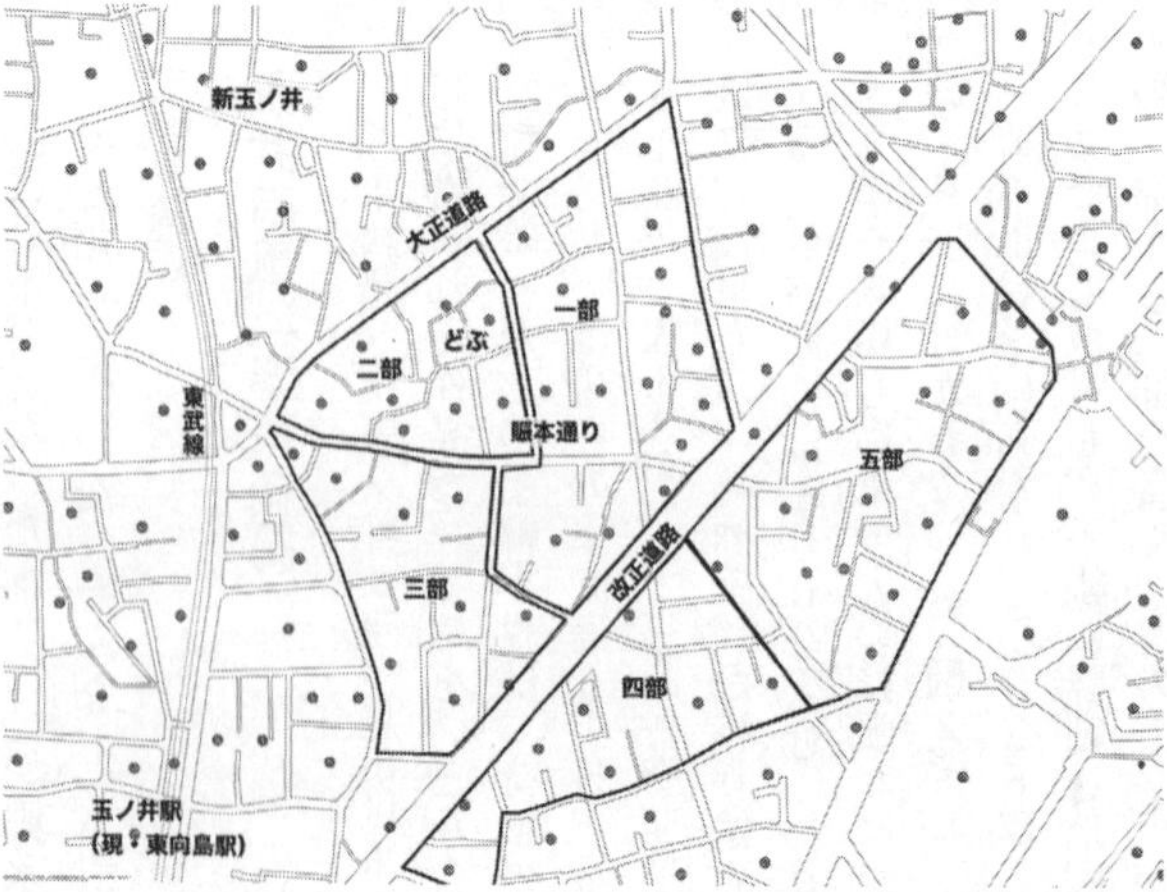
新玉ノ井
大正道路
一部
どぶ
二部
東武線
脳本通り
五部
改正道路
三部
四部
玉ノ井駅
（現・東向島駅）
図 2

図 3

伏見稲荷
バス車庫
二部の範囲
ドブ川
お雪の家の推定場所
実際の 7 丁目61番地
中島湯
島町五丁目

荷風はかねてより「溝（どぶ）」に趣を感じていたようだ。1915年（大正4年）、荷風35歳の時の随筆「日和下駄」では、平凡な景色を通じて、変貌していく東京への追憶と無情を記しているが、その中で一章を割き、東京都心部の中小河川を、「溝（どぶ）」として言及している。

そして「濹東綺譚」の作品中にも、「溝（どぶ）」の文字は実に24回も出てくる。主人公お雪の家は、荷風が地図に書き込んだそのドブ川沿いに設定され、重要な舞台となった。

「濹東綺譚」はある意味、溝の文学といってもいいだろう。朝日新聞連載時には、現地でスケッチされた木村荘八の挿絵が掲載されたが、そこにもドブ川に架かる橋が描かれている（挿絵は現在、岩波文庫版に収録）。

「其家は大正道路からとある路地に入り、汚れた幟の立っている伏見稲荷の前を過ぎ、溝に沿うて、猶奥深く入り込んだ処に在る」

「路地へ這入ると、女は曲るたび毎に、迷わぬようにわたくしの方に振返りながら、やがて溝にかかった小橋をわたり、軒並一帯に葭簀の日蔽をかけた家の前に立留った。」（濹東綺譚）

お雪には、モデルとなった私娼がいたという。文中ではお雪の家は「二部」「寺島町7丁目61番地」「溝際」、とされているが、実際はどうだったのだろうか。「濹東綺譚」執筆と同時期に作成された火災保険地図で、一部と二部の付近をみてみよう（図3）。浅草からのバスの終点の車庫、伏見稲荷に入る路地、そして荷風が手書きの地図に描いたドブ川などが確認できる。7丁目61番地を探してみると松の湯裏手がその住所にあたる。しかし、そこは三部のエリアにあたり、また本文の描写などから推測すると、ここではなく二部の中心でドブ川の畔りとなる69番地付近に、お雪の家があったと思われる。そしてモデルがそこに実在したからこそ、住所を変えて記したのだろう。

「この道の片側に並んだ商店の後一帯の路地はいわゆる第一部と名付けられたラビラントで。お雪の家のある第二部を貫くかの溝は、突然第一部のはずれの道端に現われて、中島湯という暖簾を下げた洗い場の前を流れ、許可地外の真暗な裏長屋の間に行く先を没している。」（濹東綺譚）

ドブ川は、雨が降れば溢れ、臭いもした。蚊がわくほどだから、水の流れも淀んでいた。それでも有名無名を問わず多くの人々が、溝を囲むこの街に通った。そんな玉ノ井の街を描いたもう一人の作家がいる。

滝田ゆうの「寺島町奇譚」

荷風が玉ノ井を取材していた頃、そこで幼年期を過ごしていたのが漫画家滝田ゆうだ。1932（昭和7）年、寺島町5丁目生まれ。荷風が取材していた時期は4歳だった。実家は玉ノ井でスタンドバーを経営していたというから、どこかで荷風とすれ違うこともあったかもしれない。荷風が「濹東綺譚」の連載を始めると、その影響で、玉ノ井はますます賑わったという。その頃の玉ノ井を舞台とした、滝田ゆうの代表作といえる半自伝的な作品が、1968〜70年に『ガロ』で連載された「寺島町奇譚」だ。

柔らかな線で丁寧に細かく描き込まれた玉ノ井の風景は、厳密な考証ではなく記憶を頼りに描いたというが、当時の雰囲気がよく伝わる。そこでも溝は街の風景の中核をなしている。道沿いの小さな溝で遊ぶこどもたち、溝に落ちた猫、溝沿いで折り重なる人間模様。溝を渡る銭湯も実在したものだ。**図4**のドブ川の曲がり具合は、まさに「濹東綺譚」のお雪の家付近のように見える。このように、まちと溝の深いかかわりがあちこちに描かれている。

そしてそこには悲しい結末も待ち構えている。荷風の「濹東綺譚」は1936（昭

図4　滝田ゆう『寺島町奇譚』

和11）年いっぱいが舞台であったのに対し、「寺島町奇譚」は玉ノ井の終焉までを描く。1945（昭和20）年3月10日の空襲で、玉ノ井は全焼する。多くの人が死んでいった様子も滝田は描く。生き残った人たちは、焼け残った新玉ノ井、鳩の街へと移転し、そちらで銘酒屋をひらき、戦後の玉ノ井は普通の住宅地へと変わる。
終戦直後の空中写真を見ると、建物が全て焼け落ち、玉ノ井を貫くあのドブ川がはっきりと見える。戦前の空中写真では家々の間に埋もれて確認できなかった川は、焦土の中、黒いラインを浮かび上がらせている。玉ノ井近辺の水路は1939（昭和14）年ころから暗渠化が始まっていたが、このドブ川は、その後の復興の中で暗渠化されたのだろう。

荷風と暗渠

戦後記された「葛飾土産」（1947）にて、荷風は関東大震災後の都心の溝の暗渠化に言及している。市川に移り住んだ荷風68歳の文章だ。

「市中の溝渠は大かた大正十二年癸亥の震災前後、街衢の改造されるにつれて、あるいは埋められ、あるいは暗渠となって地中に隠され、旧観を存するものは殆どないようになった。」

「わたくしはわが日誌にむかしあって後に埋められた市中溝川の所在を心覚に識して置いたことがある。」

「これは子供の時から覚え初めた奇癖である。何処ということなく、道を歩いてふ

写真1

写真2

と小流れに会えば、何のわけとも知らずその源委がたずねて見たくなるのだ。（中略）市内の細流溝渠について知るところの多かったのも、けだしこの習癖のためであろう。」（葛飾土産）

同じ文の中では、市川の真間川をたどった顚末も記されていたりもする。荷風がもし現代に生きていたとしたら、暗渠の失われた水面に過去の東京を追憶しながら、その川の跡がどこからきて、どこにいくのか尋ね歩いたのではないか。そして、玉ノ井の溝の暗渠をもしいま彼が歩いたとしたら、一体何を書き記すだろうか。

荷風の代わりに、というわけではないが、東向島の駅に降り立ち、玉ノ井の暗渠化したドブの流れを追ってみる。大正道路から脇道を折れ、かつてお雪の家があった側のどぶの暗渠に立つ。周囲の街は全く変わってしまい、玉の井の面影はどこにもない。ただ、ドブの流路のかたちは路地としてそのままに残っている（写真1）。たどっていった先、荷風が記した中島湯の場所はマンションとなってしまった。その前の道路は川幅分だけ広くなっており、その先にはどことなく川の気配を残す路地が残っている（写真2）。五感を全開にし、川の記憶を掬い取ろうとする。手のひらに残るわずかなかけらに、二つの作品に描かれた風景を重ねてみると、玉ノ井の賑わい、どぶのにおい、そういったものの幻がぼんやりと立ち上がってくるような気もするが、どうだろうか。

参考文献

「火災保険特殊地図　向島区」都市製図社、1986
『寺島町奇譚』滝田ゆう、ちくま文庫、1988
「日和下駄」『荷風随筆集（上）』所収　永井荷風、岩波文庫、1986
『濹東綺譚』永井荷風、岩波文庫、1947
『摘録　断腸亭日乗（上）』永井荷風、岩波文庫
「葛飾土産」『荷風随筆集（上）』所収　永井荷風、岩波文庫、1986
「最近向島区並に本所・向島一圓地番入明細全図5千分の1」時龍堂本店
『玉の井という街があった』前田豊、ちくま文庫、2015

【文学と暗渠3】
銀座の川と、恋ごころ

吉村生

銀座の川の歴史、そのはじまりとおわり

銀座はかつて、川のまちだった。北からぐるりと京橋川、外濠川、汐留川、築地川が流れていた。そして、島の真ん中を三十間堀川がつらぬく格好だ（図1）。

徳川家康の入府時、銀座周辺の地には江戸前島という砂州と、海と入江が広がっていた。家康は江戸城の守りを強化し人を住まわせるため、神田山を崩し入江や海を埋め、そして水路を作った。それは想像を絶する大工事であり、人夫の過労と栄養失調が続出したという。こうしてできた水路は、水はけ、舟運、火災時の用水などの重要な役目を担っていた。

三十間堀川は早々に完成し、江戸城および城下町の建築資材の運搬と荷揚げに使われている。川沿いには製材の職人が住み、仕事をした。いまはなき木挽町の由来であ

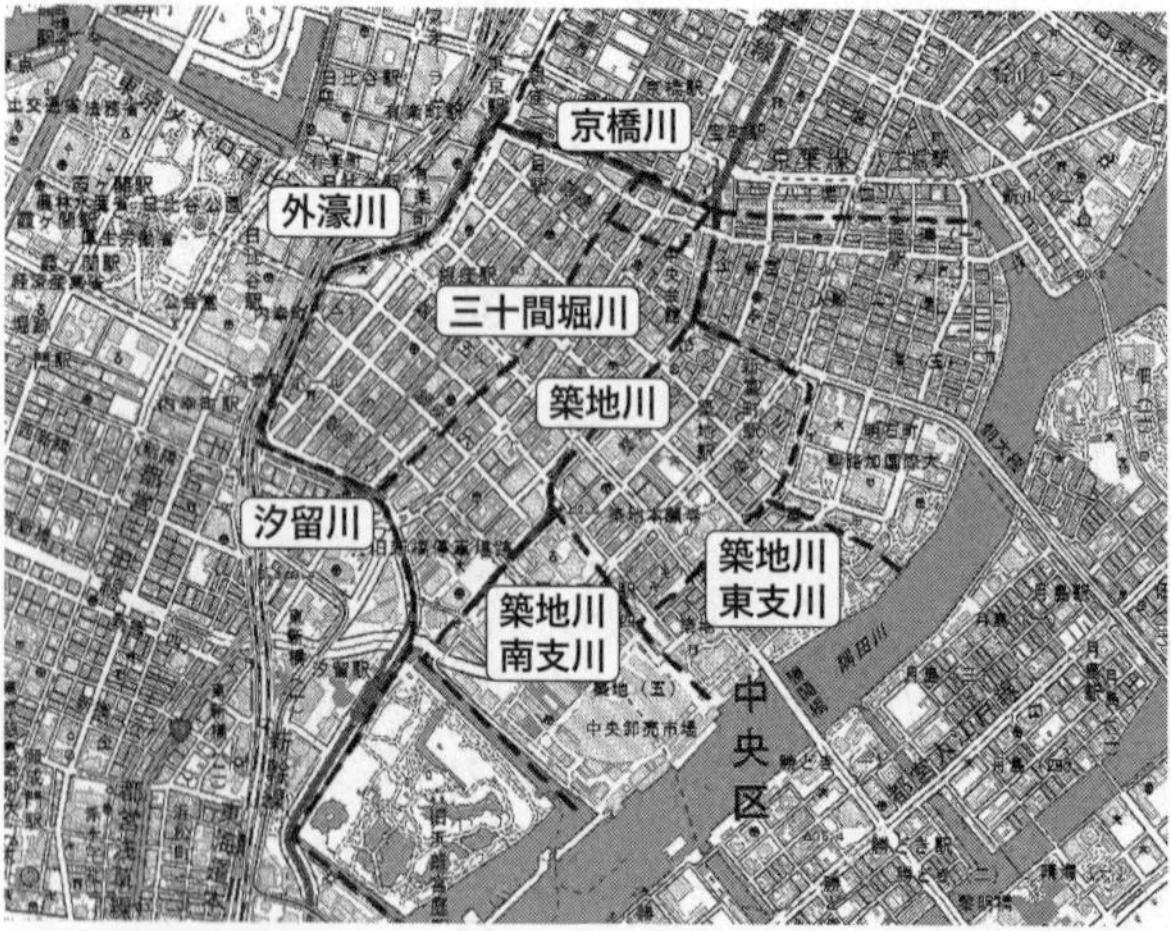

図1　銀座の川跡

る。外濠川は、日比谷入江に流入する平川だったものを、入江の埋立に伴い排水路として造成したものだ。京橋川は外濠川から分岐し、桜川、三十間堀川などと合わさる。築地川は、明暦の大火後に築地が造成されたさいに埋め残された、築地エリアを囲む水路のことをさす。支川には方角の名がつけられ、東支川、南支川と呼ばれている。汐留川もさきの外濠川と同時に日比谷入江埋立に伴って作られた排水路ではあるのだが、ここの水には別のお里がある。もともと紀尾井町や四谷の鮫河谷で湧いた水が赤坂溜池から海へ至る川であったものを付け替え、浜離宮の周囲を海へと流れる川とした。これら、人工の掘割なのに必ずしも直線ではない形状は、地形に応じた江戸期の工夫でもある。原地形である江戸前島を想像しながら川跡を見つめてみるのも、おもしろい。

苦労の上に作られたこれらの川たちの寿命は、さほど長くはない。銀座の川は、戦災残土処理と、東京オリンピックという二つの理由で、昭和のうちに失われている。

戦後、空襲によりできた残土が銀座の道路に積まれ、復興の障害となっていた。都は1946（昭和21）年より残土による河川埋め立て事業を開始。最初に姿を消したのは外濠川の一部で、呉服橋〜鍛冶橋間が、運輸省の建設工事場所として埋立てられることになった。ついで三十間堀川の埋立ても決定し、こちらは時間をかけて商店街と住宅地になっている。

残りの川たちは、東京オリンピックの道路網整備のために活かされた（否、殺された、のか）。外濠川はその後も順次埋められ、上が東京高速道路、下が西銀座デパートや銀座インズとなった。京橋川と汐留川も、東京高速道路と店舗になった。築地川は首都高速道路になるべく、1965（昭和40）年以降段階的に埋め立てられている。ただし築地川の場合、護岸を残し、川の水を抜いたところに道路を通した形なので、今でも川の形状がよく残っている。

同時期に失われた郊外の川は、多くが緑道や歩道になっている。かたや銀座の川たちは、主として高速道路と店舗になっている、ということが大きな特徴といえよう。

叶わぬ恋と築地川

築地川（写真1）沿い、新富町には僅かな期間だけ新島原遊郭があった。采女《うねめ》橋を渡って川べりを歩き、遊郭に帰る女性たちの、黒髪と白いうなじ。この艶っぽさは、傍らに川を置いてこそ、映える。そんなものを受け継いでか、築地川は恋の舞台にもなった。

築地川を舞台にした小説のひとつに三島由紀夫の「橋づくし」がある。新橋花柳界の芸妓を描いた1956（昭和31）年の作品である。七つの橋を黙って渡ると願いが叶う、という願掛けが新橋花柳界にあった。四人の芸妓が挑戦するが、うち一人は、叶わぬ恋をしている。四人はまだ水のあった築地川の、三吉橋から渡り始める。三叉に架けられた三吉橋は橋2本分とカウントされ、築地橋、入船橋、暁橋、堺橋、備前橋、とすすむ。橋の描写がじつにつまびらかで、目に浮かぶようだ。だが、叶わぬ恋は、叶わない。

芝木好子「築地川」においては、兄と妹の間の、儚い恋ごころがこの川を舞台に彷徨う。こちらは1967（昭和42）年刊行、築地川は埋め立て中である。「川底がコンクリートで固められ、自動車が走っている」という現況と、「ボートの浮かぶ川」という回顧が交互に描写される。主人公は川にせり出した古い家に住んでおり、川に

写真１　高速道路の狭間にある築地川公園多目的広場には、川の形がそのまま残る。

写真２　数寄屋橋があった位置には、ブルーのタイルが敷き詰めてある（写真手前側）。川と関係するかどうかはわからない。

夕立のくる風情、牡丹雪の吸われる川面、潮の満ち干、そのような築地川を眺めながら幼年期を過ごしていた。

川を流れる水は、人のこころのようである。築地川は所謂《いわゆる》自然河川ではなく、海水の掘割である。水はとどまり、ときに逆流する。そんな移ろいやすさが、この川を舞台に「叶わぬ恋」を描かせるのだろうか。

汐留川と外濠川、別れと再会

1950（昭和25）年のラジオドラマ『君の名は』のトップシーンにて二人が再会を誓う場として登場したのは数寄屋橋、外濠川に架かる橋であった（写真2）。数寄屋橋交差点ではなく、高速道路の下がその正しい位置となる。

テレビが普及していないこの時代、この数寄屋橋から始まるラジオドラマに、世の女性たちは釘付けになっていた。空襲下の命を懸けた強烈な出会い、惹かれ合い。お互いに名も知らぬまま、「半年後にこの橋で会いましょう」「ダメなら次の半年後に」と別れる。案の定、ふたりはすれ違い続ける。海辺で繰り広げられるラストシーンは胸がつぶれるようだが、川で始まったものがたりが海で終わるということだけ、辻褄が合っている。

杉山隆男『汐留川』は、小学校の頃に思いを寄せていた相手との別離と再会を描くものだ。三十間堀川以外の４川が現役の頃、昭和20年代後半から始まる物語である。主人公の達也は、汐留川の水上に建てられたおでん屋の息子であり、汐留川が埋め立てられて高速道路になるため、引っ越しが間近であった。当時の写真をみると、本当に汐留川には水上店舗がずらり並んでいる（写真３、４）。冬の厳しい寒さや、暖をとるだけで罹ってしまう練炭中毒の痛みに早く別れを告げたい達也にとって、引っ越しはうれしかった。その達也と、新橋花柳界に引っ越してきた百合は、淡い恋心をお互いに抱いているような関係である。ある日、百合の転校が突然告げられる。三島の「橋づくし」に登場する新橋花柳界の伝承を百合も信じていた。達也はボートを借り、築地川のそれらの橋を下から渡る計画を立ててこう言う。「この川からはどこへだって行けるんだよ」。埋め立て以前の、銀座の川の力強さを感じさせるような響きである。

二人はだまってボートを進めてゆくが、小学校に着いたところで先生からこっぴどく叱られてしまう。それが最後、なんとも悲惨な別離となったのであった。その後何十年と経過し、結婚離婚を経、二人が再会しようとする寸前で物語は終わる。「こんなとき、川が埋まってなかったらね。船でひとっ飛びだよ。違う、ひとっ漕ぎか」「おう、ちげえねえや」と飛び出してゆく主人公。

外濠川で繰り広げられた、ただただ悲しい恋の物語は、何十年後の汐留川でようや

写真３　昭和30年前後の汐留川。新橋から土橋方面をみた風景（『復刻版』岩波写真文庫　川本三郎セレクション『東京案内』より。

写真４　現在の土橋付近。汐留川跡上に、屋台が並んでいる。土地のたましいが継承されているかのよう。

く実りそうなところまでやってきたのだった。

銀座には実際、あちこちにボート屋があった。冬期は休業、春めいてくると開業準備がはじまる。客層は、男女二人連れが多かったという。銀座で水上デート、というところだろうか。川の水が綺麗でない時代も、貸しボートは銀座一周をすることができるレジャーであった、という。

三十間堀川と恋人たち

先述のように、銀座の川跡において三十間堀川は異色だ。埋め立て後の三十間堀川跡は第二銀座と呼ばれたほどで、三原橋付近には温泉、映画、キャバレーなどができた。昭和30年代の「火災保険特殊地図」をみると、川跡にはパチンコミハラセンター、楽園ゲームホール、東京温泉銀座センター、銀座コニィ劇場、かっぱ天国、などの文字が見える。一大歓楽街だったというわけだ。かっぱ天国は風呂屋かと思ったら、「長髪美人喫茶」であった。「美しい乙女の醸し出す清純な雰囲気の中で、幸福の星をお摑み下さい」という、なんとも時代を感じる宣伝文句。この長髪美女たちに心を奪われた男性は、どれだけいたことだろう。娯楽施設、水辺のいきもの、女性、エロス。銀座の他4川が高速道路という川の硬派な機能面を引き継いだのに対し、三十間堀川はこれらの猥雑さを、早々に一手に引き受けていた。現在、三原橋交差点には複数のパチンコ店があるが、実はこれこそが三原橋らしい遺産、といえるのかもしれない。

ここ数年、銀座は大きく変貌している。川を感じさせる構造物だった三原橋のシネパトスは最早失われ、次なる形態になるべく工事中である。映画館とゲームセンターがあった時代、恋人たちのデートコースになっていたかもしれない場所である。

そして現代の恋人たちも、銀座を歩く。川が失われた銀座という島の中で、恋人たちはどのような物語を描いてゆくのだろうか。


(『東京人』2017年6月号掲載の「銀座の川の歴史」および「銀座の川と人々」に大幅に加筆)

参考文献

『汐留川』杉山隆男、文春文庫、2007
『築地川・葛飾の女』芝木好子、講談社文庫、1987
『花ざかりの森・憂国』三島由紀夫、新潮文庫、1968
『水のまちの記憶――中央区の堀割をたどる　中央区郷土天文館第9回特別展図録』東京都中央区教育委員会他、中央区教育委員会、2010
『復刻版岩波写真文庫　川本三郎セレクション　東京案内』岩波書店、2007

中央線暗渠自慢

吉村生

中央線といえば桃園川だ。もちろん、私の独断であるが。本稿は、桃園川を自慢するものである。桃園川は渋谷川ほどではないものの、ファンの多いモテ暗渠だ。モテることには、それなりの理由がある。桃園川の放つ魅力とは、どのようなものであろうか。

支流の多さと複雑さ

かつて荻窪に天沼弁天池という池があり、水が湧き小川をつくっていた。それがいつしか桃園川と呼ばれるようになった。天沼から神田川に向かって東流する、中小河川である。

桃園川本流はいま、その殆どが緑道と遊歩道になっている。緑道は多くの人が利用しているが、桃園川が俄然面白くなるのは、脇道に逸れたときだ。脇道に逸れること、それは、支流に入る、ということを意味する。

あるとき桃園川好きの小学生から、「どうして桃園川には支流がいっぱいあるんですか?」と、尋ねられた。鋭い質問に愕然とする。そうなのだ、桃園川には、細かい支流が多いのだ。それだけではなく、地形との絡み方も複雑で、なかには尾根を越えてやってくる猛者《もさ》までいる。水源のありようも多様だ。試みに、かつて存在した水源を、その性質ごとに分けて見てみよう（図1）。なお、支流名は筆者が勝手につけた仮称である。

●天然水源

最も正統派、自然の湧水であるが、桃園川流域における湧き方は少し特殊で、必ずしも谷底ではない。特に上流部一帯が、地下水堆《すいたい》といって地下水面が高くなっていたエリアであるためだ。

天沼弁天池（1）付近には、年代により他にも池が見え隠れする。阿佐ヶ谷弁天池（2）は、昭和60年前後まで湧いていた。それから付近の銭湯の名の由来にもなっている馬橋（南）弁天池（3）。おろちがいたという北弁天池（4）、石橋湧水路の水源（5）、長仙寺（6）、かえる公園（7）、打越天神（8）、通称地名「デバ」（9）などもある。

●人工水源

甲武鉄道（中央線の前身）敷設工事の際、掘削地に水が湧き、池になったという。これは人工水源ということができ、中央線沿いにみられることがある。高円寺の三角

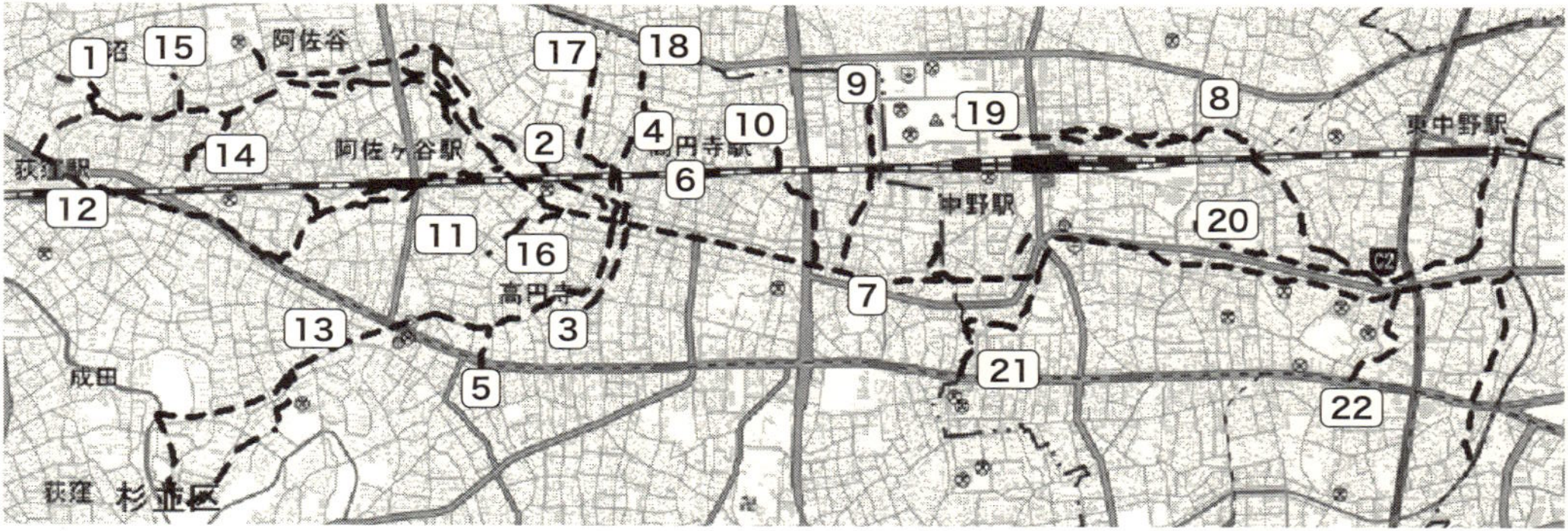

図1　桃園川の本流および支流とその水源

池（10）がそうであり、昭和初期までは地図でも確認できる。阿佐ヶ谷駅前にも深い池（11）が出来たそうだが、こちらは桃園川に注いでいたかどうか不明である。

●いただきもの水源

湧きやすい地といえども、幾つもの村が稲作をするには、元来の湧水量ではまかなうことができなかった。それで、江戸時代に桃園川は二方向から用水路を引いている。千川上水（12）からの分水である半兵衛堀と相澤堀。それから、善福寺川（13）から取水した天保新堀用水。これらいただきものの用水路は、尾根を流れていたり、あるいは胎内掘《たいないぼ》りという素掘りのトンネルで尾根を越えてきたりと、特殊な動き方をしている。

●謎水源

天然・人工・いただきものの、いずれかではあるのだろうが、はっきりとした表記がなく正体不明であるもの。天沼1丁目支流（14）、および天沼二丁目支流（15）、馬橋稲荷支流（16）、高円寺の双子川（17、18）、天神川（19）、谷戸川（20）の水源。天神川は、お囲いの内から湧いていたという推測があるが、地図や史料に現れることはない。西町天神支流（21）には弁天池があったという証言と青梅街道沿いの用水路から来ていたという証言双方がある。島田軒牧場支流（22）など、青梅街道と接続しているように見える暗渠についても、同様の謎が残る。また、孫支流も含めれば、謎水源はさらに増える。

　このように、桃園川の源はただ自然に湧いていただけではなかった。流路も然り。人と関わることにより、あるはずのなかったものがたりが生まれている。そんな多様な側面を持つ川であり、また、解けない謎があるがゆえに、想像し、妄想をし、好奇心をたえず揺さぶられることとなる。桃園川を繰り返し歩いている自分であるが、実はまだ気づいていない支流暗渠があるのではないか、といつも思っている。ゆえに定期的に歩かざるを得ない。この多様性、そしてミステリアスで目が離せない感じは、桃園川の大きな魅力といえるだろう。

中央線4駅との絡み

　桃園川の流路は、中央線と執拗に絡む。したがって中野から荻窪の4駅は、いずれも桃園川と近しい関係にある。

　荻窪駅は目の前を青梅街道が横切る、すなわち尾根にある。いっぽう、阿佐ヶ谷駅は目の前を桃園川支流が横切っている。荻窪と阿佐ヶ谷は、地形的に裏表を成すかのようだ。そんな地形的特徴がどこまで反映されているかは不明だが、この4駅、それぞれキャラクターが違っていることは中央線民ならよく知っているだろう。そういった街の特徴は、桃園川を通しても垣間見ることができる。

たとえば、私は桃園川に関する古い写真を蒐集している。その点数や撮られた対象についてみていくと、そこには街ごとの特色を認めることができた。

荻窪に残された写真は、絵画も含めて天沼弁天池周辺が多い。池を所有する天沼八幡神社の鳥居とともに写るもの、畔にあった高級料亭（池畔亭）、池で遊ぶ子どもたちなど、対象を異にしながらも、水源池の写真ばかりが残されている。神社、料亭、そして水源の池。池はかつて、雨乞いの舞台ともなっていた。つまり、荻窪に残された桃園川関連の写真というものは、神聖なものが多い。それは、歴史が古く、なんとなく高貴な街荻窪、という印象と対応するかのようである。

対して高円寺は、暗渠化後も含め、圧倒的に写真の点数が多かった。長閑《のどか》な田園風景、改修前後、暗渠化直後と、内容はさまざまである。また、水害時の写真はすべて高円寺のものだった（写真1）。この地に水害が多かったことには理由があり、環七手前に水道管のために流路が狭くなっている箇所があり、そこで詰まりやすくなっていた。氾濫はいつも高円寺、だったのだ。記録上必要な写真であったのかもしれない。しかし、写真の多さ、という事実と併せてみれば、たちまち、逆境にめげず、爆発的エネルギーでもって発信を続けてきた街高円寺、という姿が浮かび上がる。「ばか踊り」で滅茶苦茶に踊りながら始まった高円寺阿波踊りと、イメージが重なる。

阿佐ヶ谷にはまんべんなく水路の情報と写真が残る（写真2）。そもそも、南も北

写真１　1963（昭和38）年の台風で映画館の前が水没する様子。この場所は今の高円寺西友。『目で見る杉並区の100年』より。

写真２　1953（昭和28）年の『杉並区広報』より。開渠の桃園川。阿佐谷南２丁目あたりと推測される。

も、阿佐ヶ谷は地図上で圧倒的魅力を放っている。本流の遊歩道が途切れるのは阿佐谷北だけであり、そこにはより暗渠らしい空間が広がる。また傍流が二流、三流とあり、迷路のようになっていて、じつに探索むきである。駅近くに釣堀があるのもこの街ならではで、大雨が降ると魚が北まで流れてくるので、捕まえるのが楽しかったと古老は言う。ジャズや七夕で盛り上がる阿佐ヶ谷は、上品で整頓されたイメージがあるのだが、暗渠から見た阿佐ヶ谷は、意外とカオスなのであった。

中野には、桃園川の写真はごく僅かしか残っていない。しかし中野には最大のアドバンテージがある。名の由来の地なのである。もともとこの川は、谷戸川、阿佐ヶ谷川、中野川、宮園川、大下水、どぶ、などとも呼ばれていた。桃園川という名前が行政的に浸透すると推測されるのは1937（昭和12）年以降で、その経緯も、背景にあったかもしれない争いも、知る由がない。しかし現在、中野の文献を見れば、徳川吉宗の作った桃園と桃園川、御成橋である桃園橋等、歴史的存在としての桃園川が強

写真3　金太郎車止めは杉並区役所が昭和40年代に暗渠上に設置したもの。更新されないので、どんどん数の減る絶滅危惧種である。

調される。また杉並区部には見られない、立派な石橋が複数残るのも中野である。もしかすると写真が少ないのは、中野の余裕のあらわれなのだろうか。

なんだか、4駅の桃園川自慢の様相となってきた。各駅が自慢対決をしたならば、きっとこんな戦いが繰り広げられるのだろう。中央線愛好者は多い。住む者たちもまた愛情が深い。〝人気の街から気軽に行ける暗渠〟、これがモテないわけはない。

西荻窪には松庵川がある。数ある東京暗渠の中でも変わり者で、人工の下水溝という歴史から、その形や所有形態など、さまざまなことが松庵川は特異でおもしろい。それはまさに、中央線における西荻窪の独立独歩感と重なるように、私は思う。

もちろん西荻窪以西の中央線沿いにも、多くの暗渠がひしめいている。彼らのことも次々自慢してゆきたいが、紙面の都合により、今回はここまで。

参考文献

『杉並の川と橋』杉並区郷土博物館編、2009
『目で見る杉並区の100年』郷土出版社、2012
「杉並区広報」第37号、1958

地方の遊郭と暗渠

吉村生

地方で暗渠に出逢うことは、ローカルグルメ級の悦びのひとつである。しかし、必ずしもわかりやすい谷地形がないこともしばしば。そんな平地でさまよえる時、私は「遊郭」に切り替える。もともと、遊郭跡を朝に歩くことが好き、ということもある。そして遊郭は実は多くの都市にある。だから、私は困ったらまず遊郭跡に行く。それでどうするかって？　遊郭の周囲にあるかもしれない、水路を探すのだ。

江戸の吉原が四方を水路に囲まれていたということは、ある程度有名だ。元吉原もそうであるし、新吉原もそうだ。その見た目がくろぐろとしていたことから、おはぐろどぶと呼ばれる。遊女のおはぐろを流していたからだとか、排水が滞留していたからだとか、黒い理由は諸説ある。またその機能は、既述のように生活排水用という説もあれば、湿地帯の悪水抜きであるとか、はたまた遊女の足止めのため、特別な空間への高揚感のため、と複数伝えられている。このおはぐろどぶ様の水路は、他の遊郭にもみられることがある。ただし、どう見てもない遊郭もあり、判然としない。

遊郭を囲む水路のさまざま

〈はっきりとした四角い水路〉

名古屋市中村区には、吉原に似た地割が存在する。中村遊郭である。もとは旭遊郭という名古屋市の中心部にあったものが手狭になったため、いっぺんに移された。1922（大正12）年のことである。その当時中村は田圃ばかりの土地で、「日本一の遊郭を建ててやるんだ」という意気込みのもと建設開始。田圃の中に金槌の音が響きはじめ、1年か1年半ほどで遊郭の中心部ができたという。実に計画的な移転であり、当時の地図を見てみると、建物が描かれる前に、四角い水路がまず登場することが面白い（図1）。

市街の西側に位置するため、名古屋の人はここに来ることを「西へ行く」と言ったらしい。関東などにある「廻し」制度がなく、丁寧なもてなしを重んじた遊郭だったのだそうだ。今、中村遊郭跡には名残の建物と空気が現存している。そして、どの文献でも触れられることはないのだが、四角い水路跡もはっきりと存在している（写真1）。

長野市にも、遊郭らしい四角地割がある。鶴賀新地という、1878（明治11）年

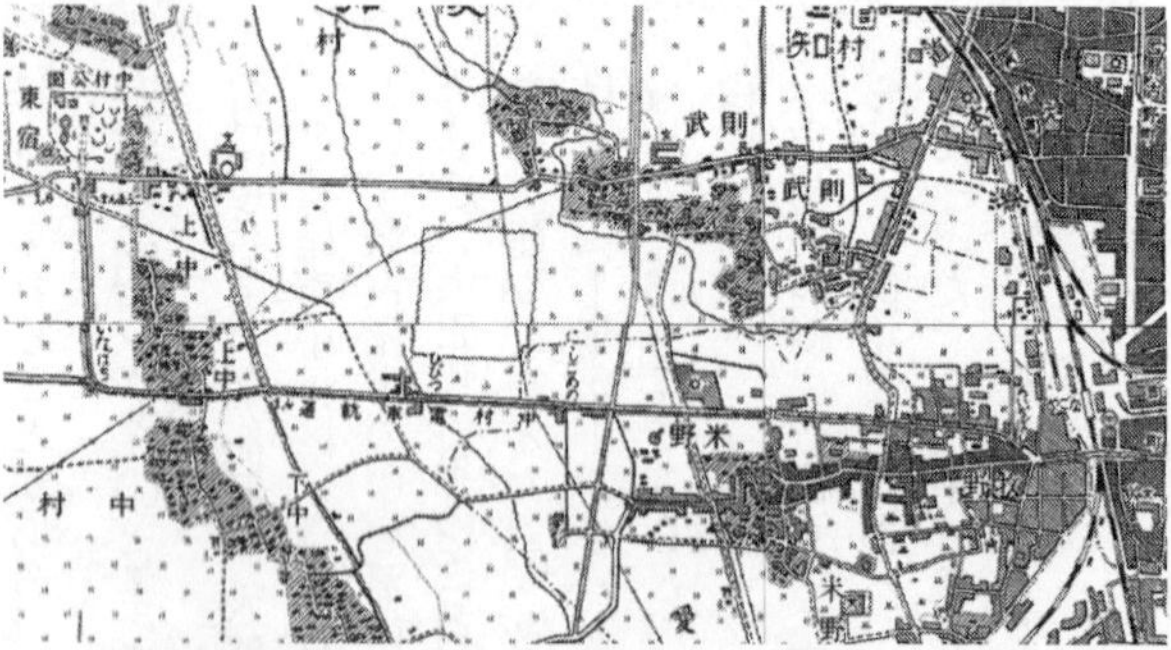

図1　中村遊郭建設中。四角く水路で囲われた場所が建設予定地。この頃、まさに田圃の中に大工がカンカンと金槌の音を響かせていた、というわけだ。25000分の1地形図「名古屋北部」大正9年測図より

写真1　中村遊郭を囲う暗渠。このように暗渠然としたもの、細い道など、バリエーションがあるが、ほぼ辿ることができる。

写真２　鶴賀新地の囲いの一辺を成す暗渠。下流側は開渠になっている。用水路として使われているのかもしれない。

に新設された遊郭だ。もとは善光寺の関係で市内の権堂に娯楽機能が形成されていたが、明治天皇が善光寺に巡幸する道に妓楼があるのはまずいとばかり、遊郭機能のみが東の低地に移された。現在、四角のうち一辺にはっきりとした暗渠があり、なんとその下にはさらさらと水が流れていた（**写真２**）。

四辺の暗渠が明確に残されている興奮の遊郭代表は、東京は八王子の田町遊郭である。こちらは八王子宿周辺にあった遊郭群が、火事に遭い１８７２（明治５）年に移転してきたもの。田圃の中なので田町とは、なんとも直球の命名だ。この「田地への移転」は、遊郭の歴史においておきまりのパターンである。街の発展に伴い、街の外れへ、低地へと追いやられてゆくのである。その場合規則正しい四角形の街路と、水路を伴うケースがままあるようだ。

〈自然河川を用いたもの〉

熊本市には二本木遊郭があった。明治期の熊本は軍都であり男の街であった。そこに二本木遊郭は存在していた。その賑わいはいかばかりだったろうか。1907（明治40）年、与謝野寛ら「五足の靴」が、「二本木という強欲の巷」にやってきて、「白川の岸を辿りて」歩いていたという記録が残っている。二本木はその白川という大きな川沿いの、三角州様のところに位置していた。他に用水路が数本並行していて、熊本駅側から二本木遊郭に入ろうとすると、白川含め3本もの川を渡ることになる（**写真3**）。反対側の縁には坪井川が流れている。天然のおはぐろどぶである。

この二本木遊郭、もとは熊本市内に点在していた遊郭が、西南戦争で全焼し1877（明治10）年に移転してきたものだった。軍人だけではなく学生も多く登楼しており、第二次世界大戦中は、学徒動員で出陣する若者も来ていたという。出陣の際に二本木の上を旋回すると娼妓に約束し、実際に旋回し、墜落事故で亡くなってしまったという話も残っている。さまざまなものがたりが、この川に挟まれた地に残る。

いま二本木遊郭の名残といえるものは、ほとんど存在しない。最後の大店《おおだな》も、20

写真3　二本木遊郭に入る前に跨ぐ、二本の用水路。うつくしいカーブに見惚れる。

09（平成21）年に解体された。しかし白川と、2本の用水路を渡るときに抱く、不思議な場所に向かっていくような感覚だけは、現在でも追体験することができる。また、用水路は建物できれぎれに蓋をされており、しばらく辿っていくことも味わい深い（**写真4**）。

神戸の福原遊郭は、もとは宇治川河口に設置されたが、そこが神戸駅予定地となったため、僅か3年で湊川旧流路沿いの田地に移された。天井川の土手下にである。反対側の端に水路があったかどうか、言及する資料はほぼ見当たらない。ただ、福原遊郭の中に「溝の側」という通称名があり、溝の縁に並んでいた店筋

写真4　二本木遊郭を囲う用水路は、このように店や小屋などで蓋われ、暗渠のようになっている。

のことをいうのだそうだ。幅1メートルほどの水路があったとされ、比較的東縁に位置していた。

自然河川の縁に作られた遊郭。類似のケースとしては、松戸の平潟遊郭、清水の大曲遊郭などがある。

〈その他〉

海沿いというケースもある。海沿いといってまず思い浮かべるものは江東区の洲崎遊郭であるが、洲崎は根津遊郭が埋立地にまるまる移転してきたものである。香川県の丸亀や多度津のように、もともとが船頭や旅人相手の遊郭も、沿岸部に位置している。丸亀の福島遊郭は、一辺を海、二辺を運河と水路で囲まれていた。しかし多度津には囲う水路は見当たらなかった。

街道沿いに遊郭ができることも多いのであるが、品川や板橋のように、そのエリアに妓楼が散在している場合なども、やはり水路によって区切られることはない。

岐阜駅近くにある金津園は、もとは愛知にあった金津遊郭が転々としてきたものだ。戦時中、金津遊郭は一旦郊外の田圃の中に「疎開」をした。それが1950（昭和25）年、岐阜駅裏の土地を購入し、街中に舞い戻ってきた。このくらいの年代に動いたものだからか、やはり囲う水路は見られない。

遊郭における水路の意味

長野市の鶴賀新地には、実は木の柵があった、という。そこには水路もあったはずなのに、人びとの記憶で優勢なのは、地面から突き出た柵であった。それは、よりはっきりとした境界の主張なのであろう。遊郭にとって大切なのはおそらくこの、行政的、社会的、そして心理的意味を持つ境界なのだ。

吉原のおはぐろどぶについてよく言われる「遊女が逃げないため」という理由は、ある時点までは正しいかもしれない。明治に入ると廃娼運動が起きはじめ、1926（大正15）年以降は娼妓の身分は表向き自由になっていた。しかし実際にはさまざまな規則により、娼妓はその後も暫く遊郭という地から出られなかったのだそうだ。遊郭における物理的精神的境界の象徴は、その場合大門であった、という。

では、遊郭を囲う水路は何のためであったのか。

横浜では、伊勢佐木町に1866（慶応2）年、その名も「吉原遊郭」が、周囲に水路を伴ってできた。この遊郭は、高島町、長者町を転々としたのち、真金町と永楽町に腰を落ち着け、永真遊郭と呼ばれる。永真遊郭も吉原を模しており、やはり四辺を水路に囲まれていた。吉原の構造は、真似され続けてきたのだ。また前述のように、あらゆる地方で、街の都合でさまざまに動かされた遊郭は、その殆どが辺縁部の低湿地に移された。すなわち、湿地の水抜きのための悪水路は必要であり、おそらくこれが主たる理由であろう。その機能的理由が必要ない遊郭には、このような水路は作られなくなったのだろう。実際の水路はさほど大きくはないものばかりで、きっちりと四辺を囲うようなものは、逃亡防止というよりも、楼主たちの目指す吉原を真似た、そして境界の明示という「スタイル」なのではないか。

遊郭と暗渠は、どこか似ている。街にひそむ異界であるからかもしれない。名残として感じるもの、地図には見えるもの、そして、必ずしも肯定的感情ばかりを向けられず、ある種の扱いにくさを有しているもの。しかし、惹かれる人の多いもの。

そしてどのような形であれ、遊郭の多くは、水路や暗渠のそばにある。

参考文献

『いろまち燃えた　福原遊廓戦災ノート』君本昌久、三省堂、１９８３

『敗戦と赤線　国策売春の時代』加藤政洋、光文社新書、２００９

『聞書き　遊廓成駒屋』神崎宣武、ちくま文庫、２０１７

『花街　異空間の都市史』加藤政洋、朝日選書、２００５

「紅灯の二本木花街――遊廓と学生のものがたり」小野友道、くまもと文化振興会『Kumamoto』総合文化雑誌　第５６３　２０１３

夜の暗渠歩き

本田創

夜の暗渠の光と闇

夜の暗渠は、日中とはまた異なった姿を見せる。暗渠は谷底を通っていたり、ビルの谷間になっていたりすることが多く、家々が背を向けていたり商店も間口を向けていることが少ないから、町の中でも真っ先に薄暗くなるところが多い。夕暮れの頃、街灯りが一つ、また一つと点っていく中で、その裏側を抜けていく暗渠は闇につつまれていく（写真1）。

ぽつりと灯る街灯、そして周囲の家々の灯り。暗闇は視覚以外の嗅覚や聴覚といった感覚も敏感にさせる。家々から漏れる生活の音や料理の匂いだったり、下水のごおおと流れる音だったり。そして暗渠に漂う湿気をまとった空気も夜になるとその濃厚さを増す（写真2）。

薄暗い暗渠上にも時折、明るい場所も現れる。しかしその眩しさは逆に、周囲の闇

写真１　桃園川（杉並区阿佐谷北）

写真２　神田川支流（和泉川）（渋谷区本町）

を引き立たせている。「行き止り」の字が闇に浮かび上がるその先に見える、眩しい明かり（写真3）。行き止まりと言うのならば、その明かりの先には一体何があるのか。安堵であるはずの明かりが、ここでは緊張感を走らせる。

異界との出入り口

夜も深まってくると、暗渠は異界への抜け道のような様相を呈してくる。きれいに整備され遊歩道となっているような、日中であればいわば健全な暗渠であっても、夜になるとその姿は一変する。進んで行く先がはっきりと見えない状態は探検気分を際立たせる（写真4）。

谷底を通る暗渠の暗闇の先に現れた、黄泉《よみ》の世界からの出口のような階段（写真5）。上がった先に照らし出される家屋と陸橋が眩しい。夜の水辺には、なにか生と死の境目のような、平穏と不穏が同居しているような感覚を覚えることがあるが、夜の暗渠にも同様の感覚があるように思える。しかも、自分の身体は川べりではなく川（があった場所）の上にある、ということがその感覚をことさらなものにしているように思える。

川に蓋をした上にせせらぎが復活されているといった少し倒錯した風景も、夜には水辺特有の空気感を増す。川沿いの桜並木は暗渠化される前からこの場所にあって水

写真3　稲付川（北区西が丘）

写真4　北沢川（世田谷区代田）

写真5　稲付川（北区西が丘）

写真6　北沢川（世田谷区代田）

面に影を映していた。木々は、川が流れていた頃と同じく夜風を受けてざわざわと音を立て、ひらひらと花を散らす。漆黒の水面は街灯の明かりを反射させて白銀に光り、花びらがそこを流れていく。フェイクの水面はその時、かつてあった本物の水面を幻視させる（**写真6**）。

暗渠に潜むものたち

暗渠に潜むものたちは夜になるとその存在感を増す。**写真7**は大正末期に架けられた古い橋の欄干だ。川が暗渠となったときに通行のために間を切り取られてしまい、車止めの扱いに甘んじているが、80年以上、変わり続ける川沿いの風景と共にあった橋。夜になると傍に設置された自販機の煌々とした蛍光灯が、その姿を闇に浮かび上がらせる。かつて橋が架け替えられるときは「橋供養」が行われ丁重に扱われたものだが、供養を受けずに切断された橋が夜の闇に化けて出るようなことはないだろうか。

暗渠の路地には猫たちが暗躍する。猫に出会うこともよくあるのは日中と同じだが、昼のどこか弛緩した様子と違って、夜の暗渠猫たちは鋭敏だ。何かを見つけてさっと走り出す（**写真8**）。

そして、暗渠上の遊び場に設置された動物たち。最近では撤去されることも多く、いわば絶滅危惧種であるが、彼らも夜中になると目を醒ましているかもしれない。水

写真7　神田川支流（和泉川）（新宿区西新宿）

写真8　石神井川支流（練馬区向山）

写真９　神田川支流（和泉川）（新宿区西新宿）

面から大きく口をあけた河馬《かば》が豚たちに襲いかかる（**写真９**）。

さて、夜の暗渠を散歩してみたくなっただろうか。さいごに注意事項について触れておこう。夜の暗渠には、当然ながらいわゆる「夜道」の持つリスクもあることには十分注意を払ったほうがよい。なるべくなら、土地鑑のある場所、できれば日中に歩いたことのある場所をおすすめする。

また、泥棒や痴漢に間違えられる可能性もある。裏道や細い路地になっているようなところは、一応街灯がある場合でも、あまり遅い時間は避けたほうがよいだろうし、あまり深入りしないほうがいいかもしれない。そんな点に気をつけながら、いつもの帰り道、途中下車して暗渠を歩いて帰るのもまた一興なのではないかと思う。

【コラム】渋谷川麦酒マラソン

吉村生

　さて、ここらで箸休めでもいかがでしょう。実はアタクシ、大竹聡さんが中央線の各駅でホッピーを飲んでいく『中央線で行く東京横断ホッピーマラソン』が大好きでして。むろん、お酒が好きなのです。それで大竹さんをパクっては、「暗渠酒マラソン」なんてやってきました。

「暗渠酒マラソン」とは何ぞ？　という方のために、一応説明します。ルールは簡単。1．決められた暗渠沿いの飲み屋で飲むこと。2．必ず指定した種類の酒だけを飲むこと。この二つですから。これだけ守って酒を飲み続けるという企画なんです。都心の飲み屋さんの多い暗渠じゃないと、困っちゃうんで場所は選びますけどね。あっちに良い飲み屋があるなあ、なんて誰かが言っても、暗渠から外れてたら入っちゃいけないわけです。アタシが禁じます。局所的にストイックなハシゴ酒ですね。下戸の人も、モノ好きなもんで参加してくれます。そういうときは伴走者になっていただく。伴走者は、お酒飲まなくてもいいんです。メインランナーが必ず縛りの酒を飲む。今まで、焼酎、ビール、日本酒、洋酒といろいろやってきたんですけども、ホッピーだけは本家に譲って、やってこなかったんです。で、今回ちくまさんで書かせていただけるってんで、いよいよ「暗渠ホッピーマラソンをやろう！」ってことになりました。

難しいのが場所の選定です。あれこれ考えました。うーん。やっぱり都会だし、王道だし渋谷川にしようと。でも渋谷川って、中年の集団がホッピー飲めるような店なんてないんじゃないか、と暫く悩んでたんですが、まあ、ないならビール飲めばいいか！　って最後はどんどん適当になりましたね。それで、ホッピーじゃなくて、麦酒マラソンにしました。ビール、じゃなくって、むぎざけ、って読んでくださいな。どっちも麦だから。わはは！　あら、なんか前置きが長くなっちゃいましたね。そんなこんなで、とある金曜日の夕方に、渋谷川の源流地点を目指します。

まだ明るいうちに千駄ヶ谷駅前に集まったのは、この本の執筆陣、H氏、T氏、M氏とアタシYです。渋谷川の始点でスタートの乾杯をしようと思ってたんですが、なんとH氏、「もう酔ってます」。どっかでビール引っかけてきちゃったんですすと。T氏も駅前で待ってるうちにビール2缶目いってました。ははあ、金曜日は人を自由にしますね。で、M氏がちょびっと遅れてきて。さて。スタート地点にいきますか。

新宿御苑から渋谷川が流れ出すところで、スタートの狼煙《のろし》です。いやーいいですね、明るいうちから外で飲む缶ビール。キンキンに冷やしてくれた、コンビニさんに感謝です。のんびり歩いて行って、渋谷川が総武線の線路をくぐるところを眺めます。線路の向こうは明治公園跡。前は工事中の渋谷川が覗けたんですけど、見られなくなっちゃってました。ラーメンH軒の3階なら渋谷川見えるかもね、なんつって歩きます。向かいにあった団地もいつのまにか解体されてました。路上観察家でもあるM氏、トマソンの「純粋階段」を見つめながら歩いてます。

さ、早くも第一給水ポイントが近づいてきました。H氏がipadでアタリをつけてくださいました、中華料理店S。ホッピーがなかったんで、生ビール3杯、あとホットジャスミン茶。乾杯！　乾杯は何度やってもいいもんですねえ。ビールといえば餃子。焼き餃子、水餃子、それとピリ辛の蒸し鶏も頼みました。焼き餃子の羽が大きな薄氷みたいに立派についてるもんだから、大歓迎で口に運びます。焼き餃子と水餃子が別々に仕込んであって、うれしくなっちゃう。つまみながら、ついつい本のサブタイトルなんか話し合ってたらだんだんノッてきて。長居しかけちゃったんですが、我々今日中に渋谷駅まで行かなきゃなりません。お勘定して、渋谷川上に戻ります。

道中、M氏が今いる地点の昔の渋谷川の写真を出してくれました。おお、こりゃ暗渠酒マラソンっぽいねえ。開渠のときと同じカーブですねえ。いや、良いですねえ。それにしても予想通り、渋谷川沿いにあるお店はちょっとこじゃれてますなあ。暗渠端で若者が若者らしくBBQしてました。羨ましいねえ。お肉食べたいねえ。

すると、もつ焼き、もちろんホッピーありますって看板が唐突に現れます。救いの神とはこのことですよ。向かいに原宿橋が見える、Tってお店。第二給水ポイントは、ここにしましょう。ホッピー、H氏は黒、T氏とアタシは白を頼みます。M氏はお酒が飲めないんで、ジンジャーエールね。あと焼鳥。焼鳥は塩にしますかたれにしますか？って聞かれて、全員たれ好きだってことが判明しました。そうそう、焼鳥はたれですよ。たれあっての焼鳥。ホッピーで流し込んで。さくっと食べたら、原宿橋親柱の脇のベンチに座ってコンビニで買ってきたお酒とつまみでもう一回小給水。T氏、前々からこのベンチで飲みたい！って思ってたんだそうで。もう背もたれみたいに親柱がありますからね。喜んで記念写真なんか撮ってました。ふと見ると、目の前で下水道局が工事をしていて、あの穴の下に渋谷川、なんて思いながら、皆で工事現場をしげしげと眺めます。

マラソンはまだ続きますから、ゆらゆらと立ち上がって原宿の裏あたりを通過していきます。隠田《おんでん》の水車や村越の水車の話をしながら歩いていきますと、キャットストリートにパンの缶詰の自販機が出現。水車では麦も突いてたでしょうからね。ほうほう、これも暗渠めしってんで、M氏が買って食べてました。アタシもふたつまみくらいいただきましたが、甘くて軽くて、なかなかおいしい。しかし、なんであそこでパンの自販機なんでしょう？　パンをかじりながら周りを見渡すと、キャットストリートには若者がぞろぞろと溜まってました。

さあだいぶお酒もまわってきたぞ。というところで、渋谷川上の公園がずいぶん渋い配色になってることに気づきます。あれれ、ちょっと前まで緑色だったのに、紺色になってます。そこに若者の集団が何組も、座り込んで喋っている。大人の遊び場になってるんですねえ。暗渠化直後は遊具もあって、子どもの遊び場だったのでした。

綺麗に生まれ変わった宮下橋を通過、渋谷駅も近くなってきて、だいぶ気持ちも緩んでまいりました。最終給水ポイントは、のんべい横丁のおでん屋Ｎ。突き出しを他のお店のあんちゃんが持ってきたり、女将さんがおにぎりを大量に握ってあんちゃんに持たせてたり、親せきと共同経営のアットホーム飲み屋でした。瓶ビールで、最後の乾杯！　たまご、ちくわぶ、あと中にシュウマイが入ってる練り物なんか食べました。女将さん、昔っからここに縁があるみたいで、渋谷川脇にあった蛇屋さんのことも知ってらっしゃった。Ｍ氏、熱心に昔の風景のこと訊いてます。あれあれ、アタシャなんだか眠くなってきたぞ。女将さんに「疲れ切ってるね〜」と言われて、酔いが回ってきたのを自覚した次第。２階でくつろいでみたいなーなんて言ってたら、このＮには２階がないんですって。外出てみてみたら、アラーほんとだ。なんつってるあたりで、アタシの記憶は終了です。

のんべい横丁にもギッシリ人がいて、渋谷川は下ってゆくほどに、人が増えていきました。大昔も川べりは人が集ってたでしょうからね。そんな渋谷川も汚されて、でも時を経て、暗渠化された後、またこうやって人が集まってくるんですねえ。暗渠も上から下まで飲み歩いてみると、見えてくるものがあるようでございます。

参考文献

『中央線で行く東京横断ホッピーマラソン』大竹聡、ちくま文庫、２００９

第3章　あちこちの暗渠

かんじる川・羅漢寺川——目黒川の支流

高山英男

目黒川支流の艶やか暗渠、羅漢寺川

目黒川といえば、都内でも有数の開渠（水面の見える川）だ。東急田園都市線、池尻大橋駅付近の北沢川・烏山川の合流地点に始まり、中目黒駅から五反田・大崎駅あたりを抜け、旧品川宿を通って天王洲へと注ぎ込む。特に中目黒駅付近の数キロに亘る桜並木の川岸は、春はお花見、冬はライトアップで多くの「リア充」が集まる人気スポットとしてあまりにも有名である。そんな華やかな目黒川だが、それを支えるように、たくさんの支流暗渠があちこちに存在しているのをご存知だろうか。暗渠ゆえ、水面とともに華やかさもなくしたか、と思いきや、どっこいまだまだ豊かな風情を残す支流もたくさんある。今回は、そのなかでも特に艶やかな、「羅漢寺川」をご案内しよう。

羅漢寺川の暗渠化は、東京オリンピック前後の高度経済成長期だ。しかしいまだ勢

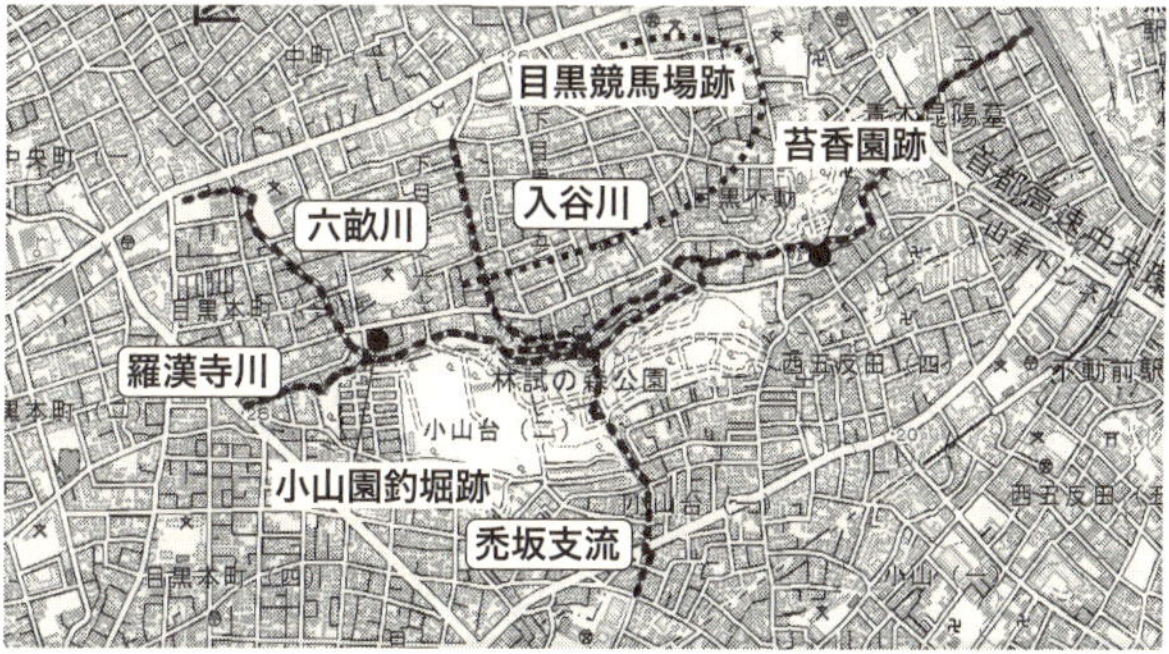

図1　羅漢寺川の全貌。この川の表情が多彩なのは、あちこちからの水が流れ込んで成す川だからだろうか。

写真1　川の本能忘れまじ、とばかりに傍らの崖から勢いよく湧き出す水。水質も良好（簡易調査キットにより筆者測定）だが飲用にはお勧めできない。

いよく水が湧き出している希少ポイントがあり、流路の傍らにも目黒不動の湧水と池、林試の森公園の池なども見られ、いわば目黒川にも負けない「リア充」な華やかさもある川だ。そのくせ暗渠ならではの暗く妖しいオーラも併せ持ち、感受性を強烈に刺激する、魅力あふれる川なのである（図1、写真1）。

かねてから私は、「暗渠の愉しみは『ネットワーク』『歴史』『景色』の三つの要素がある」と申し上げており、今回もこの要素ごとに羅漢寺川の魅力をご紹介していくことにしよう。

四方から集まって目黒川へとつながる「ネットワーク」

まずはネットワークのお話から。

図1の地図中に示したラインが羅漢寺川全体である。川の起点は大きく4か所。一番上（北）からの流れは、目黒通りからちょっとだけ南下したところにある谷頭（谷のはじまり）から流れ出るもので、「入谷川」と呼ばれていた。残念ながら現在、ここに水辺の痕跡は殆どなく、羅漢寺川本流に合流する直前でやっと水辺らしさを感じることができる（写真2）。

反時計回りに回った次の起点は、目黒通り沿いの東急バス目黒営業所のバスターミナル内。バスターミナルといえば「暗渠サイン」（36ページ参照）の一つだが、この話

写真2　本流合流点直前でようやく暗渠らしさを発揮する入谷川。流域は昔「入谷たんぼ」と呼ばれる田んぼに囲まれていた。

題は第1章にて。この場所から流れ出るのが「六畝川《ろくせ》」だ。ここに清水(!)稲荷というお稲荷様があり、かつて水が湧いて池ができ、その流れが羅漢寺川へと向かっていた。やや下流の目黒四中付近でも水が湧き、川の水量は豊富だったという。

三つめの起点は、目黒本町1丁目と小山台2丁目の間、都道420号鮫洲大山線横である。この目黒区と品川区の区境のポイントから、羅漢寺川の本流が始まっている。

最後は、林試の森公園を貫く谷の始まりの地点。地形を頼りに谷筋を丁寧に追いかけていくと、禿《かむろ》坂を越えた尾根（品川用水という人工水路があった所）まで辿っていくことができる。いろいろな資料をめくっても名前がわからないので、ここでは暫定的に「禿坂支流（仮名）」と名付けておこう。実はこのように「名もない川」に勝手に名前をつけていくのも、暗渠ハンティングの小さな愉しみの一つだ。

これら4点からの流れが林試の森公園北側の谷に集まって、目黒不動の湧水を合わせながら、山手通りを越えて目黒川へと向かうのが、羅漢寺川だ。

羅漢寺川の水面で感じる「歴史」の断片

羅漢寺川の暗渠でも、たくさんの歴史のかけらを感じることができる。中でもここでは、ひときわ華やかな歴史の感じどころ・調べどころをいくつかご紹介しよう。

まず真っ先に挙げるべきは、東京競馬場の前身ともなった「目黒競馬場」であろう。1907（明治40）年から1933（昭和8）年までの間、入谷川の上流端を包み込むように競馬場が存在し、その痕跡は、トラックの曲線をトレースするようにして残る道路や、目黒通りの交差点名などに残っている。当時の地図を見ると、入谷川が流れる谷はこのトラックに分断されていたようだが、谷頭から湧いた水はいったいどこを流れていたのだろうか。もしかすると、当時からトラックを「暗渠」でくぐっていたのかも……。あれこれと妄想は尽きない。

また、明治末期から大正にかけて、目黒不動のすぐ上流（西側）には、「目黒花壇

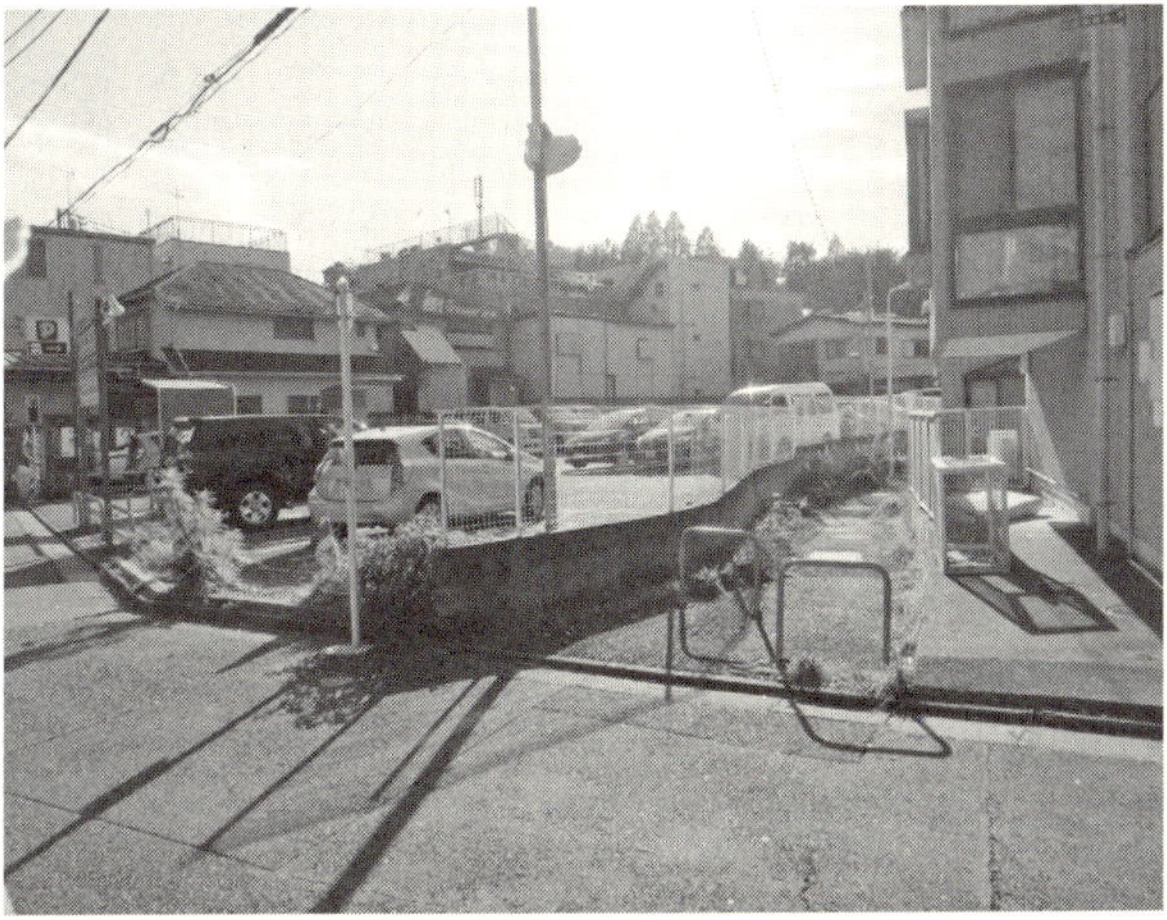

写真3　かつて「目黒花壇 苔香園」があった一角。当時は向島百花園と並び称されるほどの庭園だったという。

苔香園」という庭園があり、羅漢寺川に沿って庭内に三つの池が並んでいた（**写真3**）。きっと花や緑がふわりと薫り、水面には光がきらきらと輝く、風光明媚な景勝地だったに違いない。ここ「苔香園」に関しては、現在ほとんど情報が残ってないのだが、ネットを検索してみると、港区にある同名のビルの賃貸情報がずらりと出てくる。もしかしたら、この「苔香園」と関係があるのかも知れない。いつか許されるならば直接お話を伺いに行ってみたい。

その他にも周辺には、禿坂支流（仮名）を抱きながら「目黒試験苗圃」「林業試験場」と変遷してきた「林試の森公園」や、その北西のはしっこに、羅漢寺川を挟んで隣接していたという「小山園釣堀」など、特に明治以降の近代を感じる「歴史のかけら」が散りばめられている。

ちなみに羅漢寺川という名前は、下流の流路に位置する五百羅漢寺に由来するが、この寺がもともとあった江東区からこの地に移ってきたのは、目黒競馬場ができた1年後の1908(明治41)年である。いっぽう、今も五百羅漢寺に隣接する目黒不動は、江戸時代の一大行楽地であり、さらに9世紀まで歴史を遡ることができる、古参のランドマークだ。ゆえにこの川を「不動川」と呼んだ時期もあったそうだが、なぜ不動川という名が定着せず羅漢寺川となったのだろう。これも今後掘り下げて調べてみたいことの一つだ。

上品、ときどき粗野。妖婦のような羅漢寺川の「景色」

「景色」の愉しさについては、かねがねさらに「暗渠サイン」「暗渠自体のバリエーション」「暗渠の見立て」の三つの着眼点に分解できると考えているのだが、羅漢寺川についてもこれらごとに述べてみよう。

羅漢寺川でもいくつかの「暗渠サイン」を見ることができる。まずは「車止め」。羅漢寺川本流の上流端でさっそく出会うほか、暗渠が車道を横切っていく多くの地点で数々の車止めが存在している(写真4)。

また、川筋を丁寧に観察していくと「護岸」「川面への段差・階段」「マンホール列」「突出し排水パイプ」など、水の存在を訴えかける物件も豊富で、あちらこちらで静かに川の息吹を感じることができる。

禿坂支流（仮名）の途中、林試の森公園「水車門」の付近には、その名のとおり「水車」が設置されていてその迫力に一瞬驚くが、これはどうやら複製のようだ。

いっぽう、流路は基本的に住宅地や大公園・寺社を抜けていくので、豆腐店や染物店、クリーニング店など商店系の暗渠サインはあまり見ることができず、目黒不動前や下流域に数軒確認できる程度だ。しかしその代わり学校、大小の公園など「広い敷地を要する施設」は流路沿いに数多く確認することができる。中でも一番の注目物件は、先にも触れた六畝川の水源に、元・清水稲荷に代わって鎮座する、東急バスのターミナルであろう。開設は１９４０（昭和15）年とのことだが、推測するに、水源であったこの地は湧き水でジュクジュクとしていたため、開発が後回しにされていて、用地買収がしやすかったのではないだろうか。

続いて「暗渠自体のバリエーション」に着眼して味わってみよう。

比較的都心に近いこともあってか、アスファルトにすっかり覆われている・普通の道路と一体化されている・特に一部では化粧タイルまで貼られている、などこの川は全体に加工度は高めだ。人にたとえるなら「ばちっとメイクをして、エレガントな服

写真4　下流域、山手通りを越えたところにある車止め。特に統一感はなく場所によって色・形・材質などはまちまち。

写真5　凝った意匠のタイルで飾られる六畝川上流域。むき出しの護岸とのコントラストに感じる心地よい違和感。

を着こなす華やかなご婦人」のようだ（写真5）。

しかしその中にあっても、本流の上流端の短い区間、そして、入谷川と本流が一つになってから目黒不動に流れ込むまでの区間では、細く・暗く・湿って苔むし、緑生い茂るワイルドな景色が続いており、それはまるでご婦人の「欲望をあらわにした妖しい裏の顔」を垣間見てしまうようだ。特に後者の区間では、冒頭で紹介した、あたかも本能に抗うことなく漏れ出すような湧水や、開渠時代を透かし見るような姿の「ゆるアスファルト暗渠」が見られ、羅漢寺川の持つ妖婦のような艶めかしさを十分に引き立たせている（写真6）。

さて最後の着眼点は、「暗渠の見立て」である。これは、暗渠そのものを見つめながら、何か違うものに見立てて愉しむものだ。要するに、暗渠を目の前にして妄想を膨らますものであり、三つの着眼点の中では最もクリエイティブ、かつ酔狂な楽しみ方であると言える。暗渠の姿と、それを見つめる自身の心の状態によっては、暗渠が雄大な氷河のように見えてきたり、京都は龍安寺石庭の枯山水のように見えてくるものだ。さて、ここ羅漢寺川では……。

これはあえて書かずにおこう。競馬場を怒濤の如く駆ける馬のような荒々しい流れが見えてくるか、はたまた寺社のご加護を受けた穏やかな水面が目前に現れるか。ぜひご自身で、妖婦・羅漢寺川と向き合いながら、五感を研ぎ澄ませつつ存分に感じて

写真6　舗装されたアスファルトにうっすら浮き上がる、「はしご式開渠（コンクリ3面張り＋上面に梁を渡し補強してある開渠）」時代の凸凹。これをここでは「ゆるアスファルト暗渠」と呼んでいる。

みていただきたい。

参考文献

「近代の羅漢寺川（不動川）」田丸太郎、『郷土目黒』第41集、1997
『めぐろ街あるきガイド』目黒区、2008
『目黒川流域河川整備基本方針』東京都、2014

藍染川をたどる――巣鴨から谷根千まで

三土たつお

暗渠との出会い

ぼくにとって、暗渠とは出会うものだ。街を歩いていて、なにかおかしいぞと思う違和感。そんなところに暗渠との出会いがある。

たとえば、東京都北区にある「霜降橋」という交差点。名前に反して、周りを見渡しても橋はどこにもない。文京区の谷中にある「へび道」は、まるで蛇のように大きく何回も曲がりくねっていて、急いでいるときには歩きにくい。この二つの妙な場所には、実は共通点がある。両方ともかつて同じ川の流路だったのだ。藍染川と呼ばれていた。その名のとおり、布地の藍染めに使うようなきれいな川だったそうだ（図1）。

水源は、巣鴨のあたり。そこから南に流れて、不忍池に注いでいた。実はそこから先も神田川まで続く流れがあったが、その川にはまた別の名前がついていたので、こ

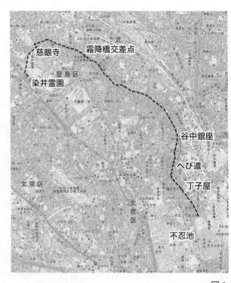

図1

こでは紹介しない。とにかく、こんな川がかつてあった。今では、交差点の名前とか、道のくねりといったところに痕跡を残しているだけだが、それでも、なにかおかしいぞという違和感はある。もしも街を歩いていてそういう違和感を感じたら、ぜひその先を辿ってみてほしい。そこは、普段歩いている表通りとは何か違う、街の無意識のようなところに違いない。こんな場所があったなんて、という発見がきっとあるはずだ。

暗渠を歩く

暗渠は裏通りになっていることが多いが、藍染川暗渠の場合はメインストリートになっている箇所が多いという点がユニークだ。実際に歩いて確認してみよう。まずは川の始まり、水源からだ。水源はいくつかあったようだが、江戸時代の地図にもはっきりと描かれているのは、染井霊園だ（写真1）。

霊園の北西の端は今ではちょっとした崖か窪地のようになっているが、昔は長池という池だった。そしてここを水源として川の流れが始まっていた。今は細くて曲がりくねった道が続いている。「ザ・ロング・アンド・ワインディングロード」というビートルズの歌があるが、あれは暗渠のことなのかもしれないなあなどと思う。まあとにかくそんな感じの道だ。

しばらく行くと、道の端に短い石柱のようなものが立っている。かつての橋の親柱だ。不染橋《ふぜんばし》と書かれている。よく注意しないと気づかない、かすかな川の痕跡。この橋は慈眼寺《じげんじ》というお寺が明治の終わりにここに移ってきたときにお寺の前に新しくかけられたんだそうだ（写真2）。

その後、昭和の始めには川が暗渠になってしまい、橋は無用になった。橋としてちゃんと使われていた期間はたったの20年ちょっと。なんだか無念のようなものを感じるが、こうやってお寺の前で供養してもらっているので成仏できたかもしれない。

暗渠が裏通りのようになっているのはこのあたりまでで、その先ではメインストリートになっている。染井銀座・霜降銀座という商店街は、まさに暗渠に沿って続いて

写真1　藍染川の水源となる染井霊園

写真2　不染橋と書かれた石柱（写真右）

いるのだ。川沿いにはもともと商店街はなかった。昭和の始めにこのあたりが暗渠化された後、新しくできた道にぽつぽつと商店が立ち始め、昭和の中頃になって霜降銀座商店街としてデビューした。暗渠ができたからこそ商店街になったのだ。

そして霜降銀座の出口が、冒頭で触れた霜降橋だ（**写真3**）。昔は木の橋だったが、丈夫な土の橋にしたところ寒い朝は霜が降りるようになったので今の名前になった、という話があるようだ。

さらに下ると、暗渠は谷田川通りという広い道の下を通るようになる。まだ触れてなかったが、じつはこの川は上流のほうでは谷田川と呼ばれていた。根津のほうに行くと藍染川と名を変えて呼ばれていた。

谷田川通りでちょうど下水管の工事をやっていたので、話を聞いてみた。いま、この道の下には谷田川幹線という下水管が通っているそうだ。横幅は約4メートル、高さは約2・5メートル。結構大きい。道幅いっぱいだ。工事の案内看板に、谷田川幹線とほぼ同じ大きさの幹線の写真があると教えてもらった。そこには、暗く四角いコンクリートトンネルの中を進む川の姿があった。いまやっている工事が終わると、内部がプラスチックで覆われるらしい。「施工後」と書かれた写真を見ると、まるでサイボーグみたいだ。川には情緒を求めたくなるが、しかしこれが都市化ということなんだろう。

写真３　「霜降橋」という交差点だが、橋も川も見あたらない。

写真４　いつも混雑している谷中銀座商店街。

さらに千駄木のほうまで下ると、暗渠は「よみせ通り」という商店街になる。ここも暗渠化した後に商店街ができて、夜には露店が立ち並んで客がぎゅうぎゅうになるほどの盛況だったそうだ。今ではよみせ通りから入る谷中銀座商店街がいつも盛況で、かつてのよみせ通りのにぎわいを見せているようだ（写真4）。

谷中銀座の中ほどに、南へ折れる細い道がある。入ってみるととても細くて、ほんとに続いてるか不安になるような道だ。行き止まりなんじゃないかな？　と思うが、細かく折れながらちゃんと続いている。ここは、よみせ通りの本流から離れたところにある支流だ。支流の暗渠は、細くて秘密の抜け道みたいなので発見する喜びも大きい。ちょっとマニアックになるが、支流探索こそ暗渠歩きの喜びといっても過言ではない。

その先、くねくねのへび道をすぎると、根津の丁子屋さんがある。明治の中頃から藍染川沿いで染物屋をやっているという、まさに藍染川の生き証人のようなお店だ。最近建て替えたので新築になったのだが、「創業明治二十八年」の看板は以前と変わらない。いつまでも長く続いてほしいお店だ。

根津をすぎて池之端まで来ると、暗渠は急に細くなる（写真5）。いかにも暗渠らしい暗渠。本流がこんなふうに細い道になるのは最上流と最下流のここだけだ。今この道を通ってるのはぼくだけだろうと自信をもって言えるようなひっそりとした道。

写真５　不忍池に注ぐ直前、暗渠は急に細くなる。

そこを抜けると残念ながら道は途絶えてしまうが、ちょっと回り道をして辿り着いたここ不忍池が川の終点となる。ちょうど鳥が飛んでいて、なんだかゴールを祝福してくれたような気分になった。

藍染川の魅力

振り返ってみよう。藍染川がユニークなのは、暗渠化した後にそこがメインストリートとなって商店街が栄えたというところ。よその暗渠でみかける、住宅街の裏手でひっそりとした緑道になってしまうパターンとは違う。

そしてその魅力は、暗渠から横に入るなにげない路地や支流の雰囲気にあると思っている。ぼくは、東京にこんな場所があるということを知らなかった。ある日、妙な場所に出会って、その先を辿るうちに初めてこの場所に川が流れていたんだということに気がついたのだ。暗渠の入口は「なにかおかしいぞ」という違和感にある。そしてそこを辿った先には、きっと発見がある。

都心の暗渠　浜町川と龍閑川
——ビルの隙間に、水門のむこうに、それはある

吉村生

高低差のない土地の川

都心にも暗渠がある。郊外のそれよりもずっと、気づきにくいものであるが。しかし、ビルの隙間にも川の跡はある。そして、彼らなりの歴史と特徴をもっている。たとえば、開渠の岸を歩いたり、船に乗ったりするとき、護岸をよく見ていると、こんなものが見えてくる（写真1）。千代田区岩本町3丁目。これは実は、江戸時代に掘られた川の名残なのだ。その川の名は、浜町川。このちいさな水門の向こうには、いったいどんな世界が広がっているのだろうか。

浜町川は、元和年間に東日本橋あたりまで開削され、1691（元禄4）年に延長されて龍閑川（後述）と合流し、1883（明治16）年にさらに延長されて神田川と合わさるという、南から北へとつくられた人工の掘割だ。（図1）。

写真1　神田川クルーズ中に見えてきた、護岸に付属する構造物。

水門の位置は神田川との合流点ということになる。水門の裏側にいくと、ビルの間にあやしげな隙間がある。ほとんど高低差がわからない地形ではあるが、ここから浜町川をたゆたってゆくとしよう。

まずは、「大和橋ガレージ」が見えてくる。浜町川跡を利用したものだ。交差点の名前も、そういえば大和橋だ。何度も通っていた道に橋名が在ることに気づく瞬間は、悔しくも痛快なものである。そうか、浜町川に架けられていた橋の名だったか。大和橋ガレージの先には、狭い裏路地のようなものが一本、すっくと伸びていた。自分の靴音だけが響く、車も人も通らない道。その異空間ぶりに、自分がどこにいる

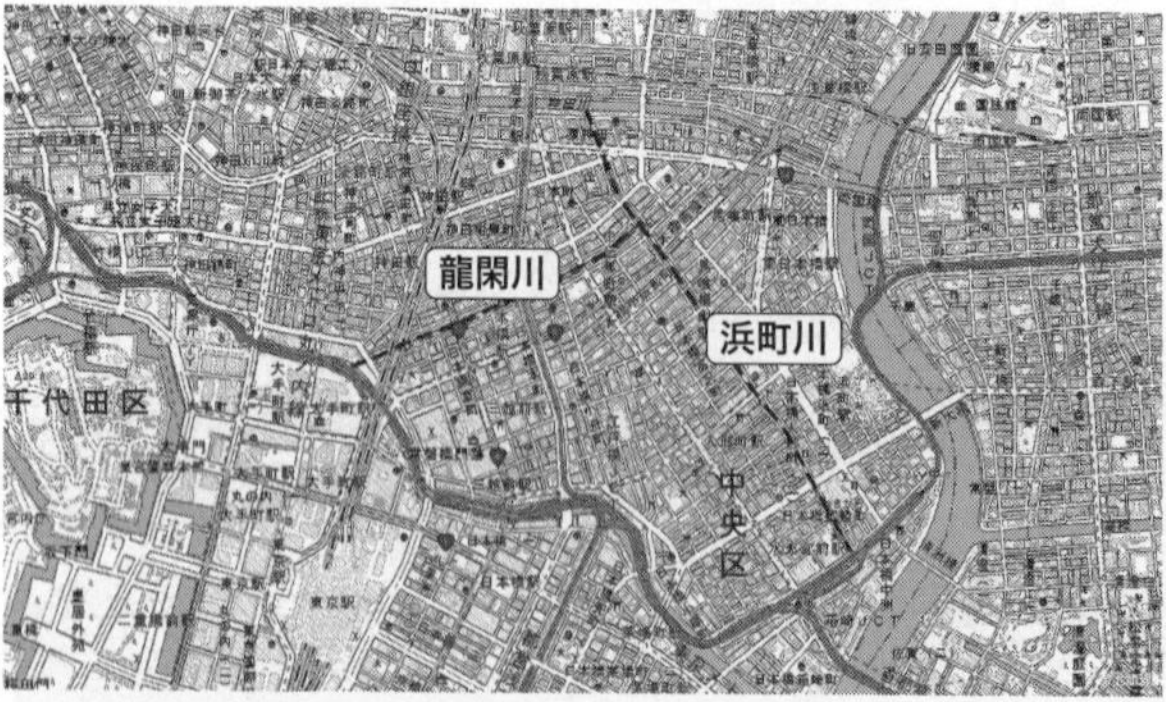

図1　浜町川と龍閑川。

のかわからなくなってくる。
　浜町川の上には今、悠々と真新しいマンションが建っている。たとえばそのひとつは、戦後浜町川の埋め跡に馬喰町付近にあった露店を移転させた、橋本会館があった場所だった。取り壊しの前に来てみたら、うんともすんともいわない古い建物たちに、別世界に入り込んでしまったような心持ちになったものだ。浜町川ばかりでなく、暗渠沿いの建物が建て替わってしまうことが、とくにこのごろ多いような気がする。

龍閑川と出合う

　裏道を歩いていくと、空がひらけ、公園に出遭う。龍閑児童遊園。公園に入ってみると、浜町川とは直角の向きに、川を模した空間があることに気付く（写真2）。実は、ちょうどこの方向に、龍閑《りゅうかん》川という川も流れていた。少し、

写真2　同じ位置に、川のモニュメントがあるという、なんとも粋なはからい。

写真3　龍閑橋はこんなにも立派だった。背後から龍閑川の区境路地が始まる。

龍閑川の流路に逸れてみよう。

龍閑川は神田堀などとも呼ばれ、千代田区と中央区の区境に位置する。外濠川から分流し、浜町川に合流していた水路だ。1691（元禄4）年に大下水として開削されたものが次第に拡幅、ところが1857（安政4）年に一度埋められ、1883（明治16）年にふたたび開削され、1948（昭和23）～1950（25）年に、今度は復興都市計画により埋められたという波乱万丈ぶり。防火や排水などがその用途であったそうだ。

交差点「今川橋」にさしかかる。今川氏によって龍閑川に架けられた橋である。今川焼発祥の地でもある。つづいて飲み屋街の今川小路、と、今川続きだ。この今川小路は、夜になると更に雰囲気が良くなる。飲み屋さんに入るもよし、入らなくてもよし。仕事帰りに夜歩きができるというのも、都心にある川跡の長所といえる（今川小路は残念ながら2017年秋にその営業を終えてしまう）。

最後、外堀通りにぶつかると、龍閑橋の遺構がひっそりと保存されているのに気がつく（写真3）。大正期に作られた日本最初の鉄筋コンクリートトラスを、柵越しに眺めることができるのだ。龍閑橋の名の由来は「井上龍閑が住んでいたから」だというが、もとは別な水路に架けられていたのが、その水路が埋め立てられたので移動、再利用され、しまいにはこの橋名にちなんで、川の名が龍閑川となったという。川も橋も、一筋縄ではいかない経歴をもつものたちばかりだ。思わず、襟を正す。

浜町川、その歴史

浜町川に戻ろう。ずっと狭い裏路地を歩いているわけだが、浜町川の幅は15メートルほどであったといわれる。となるとこの道ではなく、このブロックそのものが川であったとみなすべきだろう。この小径はいうなれば、埋められた浜町川の息継ぎ場所か。鞍掛橋……あ、ここも橋だった。江戸時代は両側に河岸があり、大名屋敷に送られる特産品などがゆきかっていたそうだ。今はしずかなものである。

ビル裏の狭い道。店舗のごみ箱、店員の休憩場所、むき出しの配管（**写真4**）。ここは「裏側」なのだ。川に向かって出入り口を作る家などはない。だから、暗渠は建物の裏側に面しているケースが多い。ここも、裏側ばかりが続くことにより、ふと、暗渠らしいと思わせられる。また、下水道局の敷地であることを示す札がたえず立ち、ここは川なんだぞと念押しされるようで、うれしくなったりもする。

浜町川の名所といえるのが、次に現れる問屋橋商店街だ（**写真5**）。戦後、日本橋周辺の露店が移転をさせられて出来た商店街だという。橋本会館と似た歴史が、ここにもあるのだった。戦争の瓦礫で川を埋め、そこに露店商を集める、という措置は、都心においてよくみられる。当時はとても賑わっていて、商店街の裏路地には居酒屋がびっしりと並び、夜になると遊び人が押し掛けた。そのため「泣く子も黙る問屋

写真４　そびえたつビルの隙間、空が細長く切り取られている。あちらが川か、こちらが川か。

写真５　問屋橋商店街。２階、３階と積み重なった家々。

橋」と言われていたそうだ。

その先、ほんの少し西に立派な建物が見えてくる。濱田家という料亭だ。現在は葭《よし》町《ちょう》という花街だが、さらに以前、ここには吉原遊郭があった。吉原といえば浅草にもあるが、そこは所謂《いわゆる》新吉原。もともとは、浜町川が開削されはじめたころ、江戸のあちこちにあった遊女町が葭の生い茂る湿地であったこの土地に集められたのだった。時代は違えども、また「川に集められる」話である。川にはさまざまなものが「集まってくる」が、行政等により「集められる」羽目になった川というのは、都心ならではであろう。さてこの吉原、周囲に堀をめぐらした、といわれるが、その堀はまさにこの浜町川からの入堀であった。四角く作られた入堀の南端は竈《へっつい》河岸といい、比較的後まで残っていた。明暦の大火で焼失した遊郭が浅草へと移ると、跡地は町地となったものの、界隈にあった芝居小屋の関係もあって芸の街となり、花柳界として栄えていく。

既述のように浜町川は、戦争の廃材により１９５１（昭和26）年あたりまでに埋め立てられ、生き残った南部分も１９７４（昭和49）年に埋め立てられた。北へ北へと開削された水路は、南へ南へと埋め立てられていった、というわけだ。

都心の暗渠のたどる道

これらの川跡は、ドブ化して蓋がけされたという、他所の暗渠とは成り立ちが異なる。人の都合で生み出され、人の都合で消された運河たち。その上には、僅かな隙間しか残されていない。しかし、彼らが纏っている雰囲気は、まさに暗渠のそれなのであった。僅かなビルの隙間に行くたびに私は、江戸から続く華やかで儚いものがたりを踏みしめる。

先日訪れてみたところ、再開発のために浜町川と龍閑川の風情ある一角がごっそりと失われていた。都心の暗渠はまさに今、みたび、人の手により変えられんとしている。

水門の向こうには、このような世界が広がっていた。平らな都会でも、あちこちに見えない川は伸びている。変貌する都心では、その「川の痕跡」さえも失われつつあるが、どこかにへばりついていてくれないものだろうか、川のたましいよ。

参考文献

『昭和幻景』藤木TDC・イシワタリフミアキ、ミリオン出版、２００９
『東京　花街・粋な街』上村敏彦、街と暮らし社、２００８
『水のまちの記憶――中央区の堀割をたどる　中央区郷土天文館第９回特別展図録』東京都中央区教育委員会他、中央区教育委員会、２０１０
『川跡からたどる江戸・東京案内』菅原健二編著、洋泉社、２０１１

新宿の秘境・玉川上水余水吐跡の暗渠をたどる

本田創

余水吐のあらまし

新宿通りが新宿御苑の北側を掠っていく新宿トンネル。その東側の入り口のすぐそばに、新宿の秘境ともいうべき、草が生い茂り鬱蒼とした木々に囲まれた谷のような一角があるのをご存知だろうか。そこは「玉川上水《たまがわじょうすい》余《よ》水吐《すいばけ》」の暗渠だ。

玉川上水は、江戸時代初期、１６５３年に開通して以来、１９０１（明治34）年の東京市内給水停止まで、２５０年にわたり江戸〜東京の生活を支えた上水道だ（上流部は今でも東村山浄水場への導水路として現役）。羽村から43キロを流れてきた玉川上水は新宿御苑の北側に沿って流れて四谷大木戸（現在の四谷４丁目交差点）に達し、それより先は木樋や石樋で地下に潜って江戸市中に給水していた。四谷大木戸に置かれた水番所では、毎日水位の測定や水量の調節をし、余った水や大雨の後の濁り水は、渋谷川上流部につながる谷のひとつに水路をつくり流していた。これが玉川上水余水

図1

吐だ。

余水吐は、新宿御苑の敷地の東縁に沿って南に向かって流れ、現在の中央線の線路に突き当たるところで、新宿御苑から流れ出していた渋谷川に合流していた（図1）。水の少なかった渋谷川は、この余水が流入するようになってから、水量が安定するようになったという。つまり、余水吐は渋谷川の主要な水源のひとつでもあったということになる。

水路は東京オリンピック直前、渋谷川上流部と同時期に暗渠化されたようだ。しかし渋谷川の暗渠が道路や遊歩道となり、その姿もどんどん変化しているのに対し、余水吐の暗渠はその大部分が、いまでも何に利

写真１　暗渠北端の階段。

用されるというわけでもなく、変化の波に取り残され、ひっそりと秘境のように横たわっている。

残された秘境空間

新宿トンネルの四谷側出口の南側、新宿御苑に隣接して、柵で仕切られた細長い空間が続いている。ここが余水吐の暗渠の始まりだ。トンネル開通前までは北側の四谷区民ホールの裏手にも玉川上水から分かれる水路の痕跡が残っていた。住宅地の中を回り込むと、古びた大谷石の小さな階段があって、暗渠の上に降りることが出来る（**写真1**）。特に立ち入り禁止の看板などは立っていない。草むらの下には下水道千駄ヶ谷幹線に転用された、約2メー

写真2　谷を下っていく暗渠。

写真3　堰の遺構。

トル四方の暗渠が埋まっている。コンクリートの柵の向こう側は新宿御苑、奥に見えるフェンスのすぐ向こうは新宿トンネルである。喧噪の一歩裏側に、このような静寂の世界がある。

未舗装の路面をしばらく南下していくと、暗渠は途中から急に斜面となって下っていく（写真２）。ここから先は、もともとあった谷筋と思われる。斜面の手前には堰《せき》の遺構と思しき石柱が一対残されていて、その脇にも石材が放置されている。かつてこの地点で左岸（東）側へ、多武峰《とうのみね》内藤神社脇を通る水車用の水路が分水されていた。堰の遺構はその分水用のものと思われる（写真３）。

新宿御苑は江戸時代、信濃高遠藩内藤家の中屋敷となっていて、内藤家の屋敷神だった多武峰内藤神社も現在の御苑内にあった。明治になって内藤家が余水吐の東側に居地を移した際に神社も現在の場所に移ったが、その頃に傍らに米搗きのための水車がつくられた。この水車を回すためにひかれたのが、さきほどの堰で分けられた水路だ。１８８７（明治20）年には、この水車を動力源として、内藤町１番地に日本最初の鉛筆工場である、真崎鉛筆の工場が設立された。工場から発足した会社はのちに「三菱鉛筆」となり今に至る。多武峰神社脇の児童遊園の一角には「鉛筆の碑」が建てられている。

周囲には「四谷区内藤町壱番地」の表札を残す古い屋敷があったり、神社内には外

写真４　鬱蒼とした谷の斜面。

写真５　蛇行する暗渠。

屋敷の敷地を決めるにあたっての伝説にまつわる白馬堂があったりして、風情の残る一角となっている。すぐ近くの外苑西通り沿いの歩道には、ポンプ式の井戸もいくつか残っている。

余水路の暗渠へ通じる道は冒頭の階段のところしかなく、袋小路のような空間となっている。谷筋を蛇行する暗渠沿いにはかなり古そうな家屋や擁壁、伸び放題の木々が見え、新宿の街とは流れる時間が異なっているかのような風景が続く（**写真4**）。下って行くとやや谷幅は広くなり、谷沿いの家との高低差があまりなくなるが、それでも秘境感は変わらない。今でも「水路敷」扱いの暗渠上の草むらの中央に一筋、獣道のように草枯れた踏跡が続いている（**写真5**）。

渋谷川へ

暗渠は新宿御苑の南東、大京町交番のところで外苑西通りを東に越えるが、暗渠上を辿れるのはひとまずここまでだ。通りの手前には、暗渠の上にかかるアーチに塞がれた穴が残っている（**写真6**）。アーチの上は行き止まりのトマソン的な空間になっているが、明治期の地図と比較すると、もともとは御苑の門へ右側（北東）からアプローチする小道の一部分だったことがわかる。アーチの付近にはかつては池尻橋という橋がかかっており、その傍らの植木屋の納屋で、沖田総司が最期を迎えている。

写真6　封鎖されたアーチ。

写真7　外苑西通りの欄干。

写真8　渋谷川合流地点。

そして、外苑西通り沿いには、橋の名前こそ記されていないものの、石組みの立派な欄干が残されている。通りが開通した時に造られたそのままの姿が残っているのではなかろうか（写真7）。この橋の下あたりはかつては「ふかんど」と呼ばれる淵で、東側から短い支流が合流していた。これより先、暗渠上は資材置き場、四谷第六小学校の裏庭、そして児童遊園として利用されている。

中央線土手の北側の大番児童遊園となっているところで、玉川上水余水吐の暗渠は新宿御苑から流れてきた渋谷川本流に合流する（**写真8**）。写真手前から左に曲がり土手に突きあたる、遊具のあるスペースが余水吐、右奥から中央線の線路に並行してきている未舗装の道が渋谷川の暗渠だ。中央線の土手をよく見ると、かつて川が潜っていた場所に赤レンガの壁とコンクリートの構造物が残っている。写真でもドアの壊れたロッカーの裏手の植込みの背後に赤煉瓦が見える。中央線の南側に続く渋谷川の暗渠については別の機会に譲ろう。

玉川上水余水吐は、新宿御苑と住宅地に挟まれ、他に用途もないためか、暗渠化された後もかつてそこに流れていた頃の痕跡をいくつか残したまま、都心の裏側にひそんで生き残ってきた。渋谷川の暗渠がここ10年をみてもずいぶんとその姿を変えたのとは対照的だ。ただ、その空間はおそらく、たまたま残っていたに過ぎず、いつ突然なくなってしまうかもわからない。暗渠につきまとう、そういった刹那さがまた、その魅力を高めているのもまた事実ではあるのだが、願わくば誰に注目されるでもなく、このままの空間を保ち続けてほしいものだ。

神戸暗渠に魅せられて——宇治川、湊川

吉村生

神戸暗渠との遭遇——宇治川

忙しい時期に、神戸にやって来た。やっては来たものの、開き直ってろくに下調べもせず、滞在するホテル近くの川のありそうなところへ適当に向かった。見知らぬ土地でも、地図において「開渠が途切れる地点」の先に暗渠がある率は高い。神戸は大倉山に、そんな感じの場所があった。

地図からは想像できなかったが、行ってみるとそこは恐ろしく高低差のある場所だった。ひたすら斜面を上る。目的地で待っていたのは、違和感たっぷりにそそり立つ構造物であった。目の前には、宇治川、と書かれた欄干。京都だけではなく、神戸にも奈良時代から宇治という地名があったという。謎の構造物の裏に回ってみると、景色が一変する。……息をのむ（**写真1**）。しぃんとしたそこは、まるで要塞のようだった。足元のプレートには宇治川暗渠調整池、と書いてある。河川改修工事が１９７

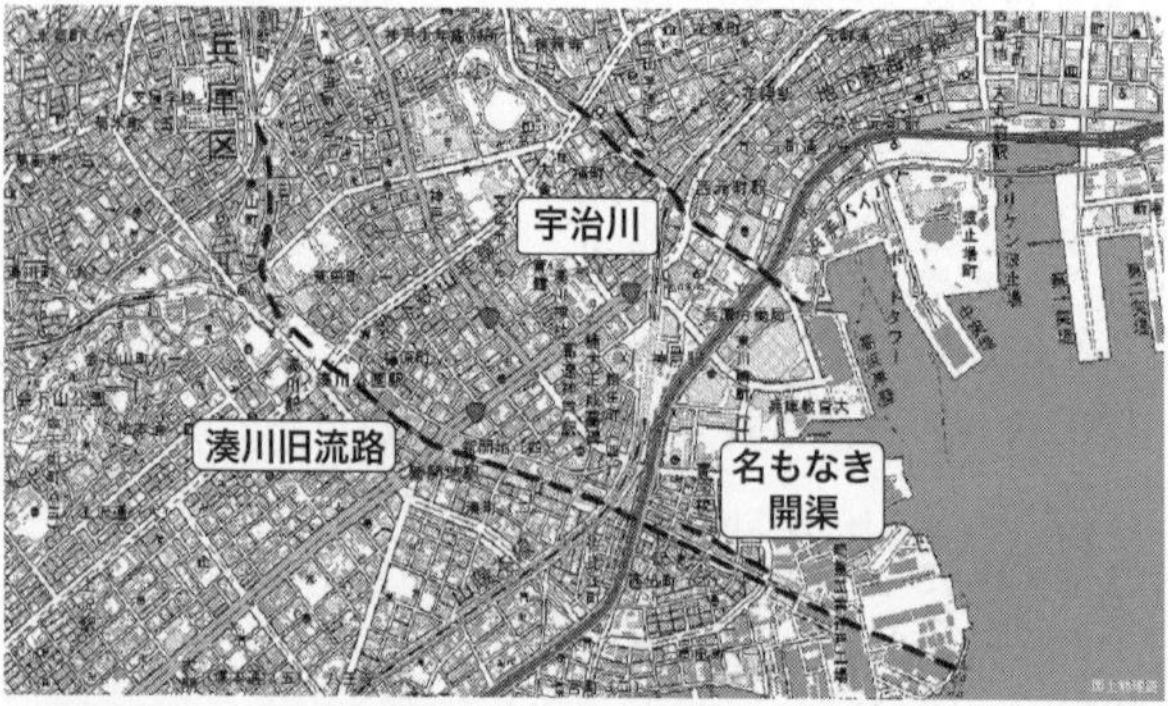

図１　宇治川と湊川旧流路。

２（昭和47）年に行われ、そのときにこの要塞はできたようだ。上流側を振り返れば、拍子抜けするくらい、ふつうの開渠だった。

調整池の下流側で、突然開渠はなくなる。川の流れと見紛うようなトンネルと道があり、その下を宇治川が流れているようだ。暗渠の始まりである。道路の真ん中を宇治川は通っているようで、所在を知らせる目印が鎮座していた**（写真２）**。「あ、ハイ、アタシが宇治川です」。下水マンホール蓋と区別されたこの蓋は、この下を湧水由来の自然河川が流れることを意味し、そしてまた宇治川氏の名刺でもある。

暗渠の両側は、素敵な古市場を携えた商店街だった。なんとなく市場の裏側に惹かれて彷徨《さまよ》い込むと、そこにも暗渠があった。宇治川の傍流だろうか。本流の宇治川のいでたちもよかったが、この傍流も細身でシュッとしている。こ

写真１　宇治川暗渠調整池。仕方なさそうに生える草木たちに、枯れた色合いのコンクリート擁壁。

写真２　宇治川マンホール。神戸には他にも“河川”“圧河川”などのマンホールがある。下水道ではなく、地下河川のマンホールだ。

写真３　暗渠に架かる手作り階段。2015年に消失してしまった。

の暗渠とフェンスを渡るためにつくられた、手づくり階段という珍物件も見られた（写真3）。

宇治川沿いにあるもの

本流に戻ろう。商店街の名はメルカロード宇治川という。もともと宇治川のほとりにあった店舗がそのまま残っている、河川名を冠した商店街である。個人商店が並び、レトロで、どこかあたたかい。

神戸市における昭和の三大水害のひとつ、1967（昭和42）年の水害では、まさにこの場所、この宇治川の氾濫する写真が残っている。神戸の河川は都市化に伴い、交通の便のため明治期から早々に地下化されたが、その後大規模水害が幾度も起きてしまう。そのため改修や砂防事業が必要となり、宇治川暗渠調整池もその流れでできている。商店街の人びとは、良きことも迷惑なことも、いろんな目に遭いながら、この川とともに暮らしてきたのだろう。そして、今もなお宇治川を大切にしながら、ともにここにいる。

商店街の先、高架を越えると突然流路はわかりにくくなる。宇治川マンホール位置情報をもとに推測すると、見失ってからも川は真っ直ぐやって来るようだ。そしてハーバーランドで海に出る。ゴール、である。水門の下から、モヨモヨと水が海へ出ていくのが見えた。

暗渠というと、水路を下水道化し蓋がけしたものを思い浮かべてしまうが、宇治川は自然河川のまま地下に潜らされていた。神戸には他にも、このような地下河川がたくさんある。この出逢いで、私はすっかり神戸暗渠に魅せられてしまったのだった。

さらなる複雑な川跡へ——湊川

おつぎはお隣、新開地へ。立ち飲み屋にレトロ喫茶、ギャンブル場の並ぶその風情がたいへん好みで、溶け込んだふりをしてキムチ天ぷらうどんを立食い、しばし街を観察する。新開地のアーケードには川跡の匂いはあまりしなかったものの、地図を見ているとどうも引っかかる。運河跡のような地割をしているのだ。そこで古い地図をみてみると意外や意外、ここには「湊川《みなとがわ》」という水路が描いてあった。

湊川は天井川であったため、明治期に付け替えられている（写真4）。天井川とは、土砂の堆積で次第に河床が高くなり、それに合わせて堤防を作り続け、どんどん周囲より高くなった川のことである。明治期の地図では、新湊川が開削され、そのかたわらで湊川が埋められ湊川遊園となってゆくのが見て取れる（写真5）。

その頃、万里の長城の如き湊川は「神戸」と「兵庫」を分断するものであった。川を境に住民の気質も随分と異なり、兵庫は保守的で神戸はハイカラ、川の反対側に用がある時には「川を越えて行ってくるワ」と、大儀そうに言っていたものだったとか。湊川という渡りにくい川は、さまざまなものを隔てていたようだ。

現在の街をみてみると、湊川中流部あたりまではまさに天井川跡、外側のほうが低い。このような地形だから、最初水の匂いがするとはとても思えなかったわけである。しかし天井川の川跡だとわかると、この眺めに対する感慨は一変する（写真6）。なんと珍妙な地形なのだろうか。つまりそこの崖状のものは堤防。低いところは川の外。向こうの高い土地が、川の中。高い土地の上は湊川公園になっている。さらにこの湊川公園の下の部分にはミナエン商店街がある。湊川公園の下ということは、湊川の下。ということは、天井川の下であり、暗渠の中のようなものではないか！　と、興奮しながらミナエン商店街の喫茶店「光線」でトーストを食べた。

写真４　旧湊川がまだ現役の天井川だった頃。『神戸新開地物語』より。

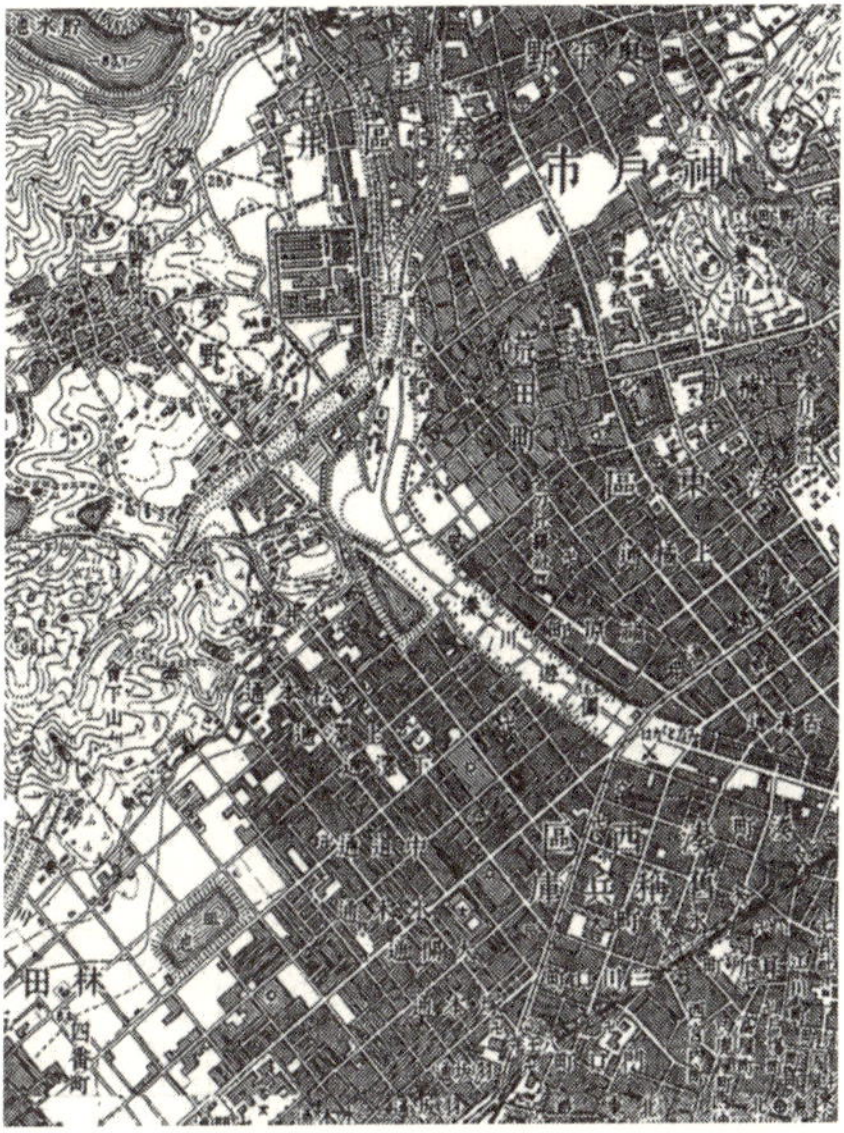

写真５　明治時代の新開地付近。湊川遊園ができたばかり。２０００００分の１地形図「神戸」明治43年測図より。

写真６　湊川公園。湊川の水面はこのように遥か頭上にあった。

湊川沿いにあった風景

湊川沿いにはかつて、福原遊郭があった。桜筋と柳筋に、ソープランドがぽつぽつと今もある。福原遊郭は明治のはじめに、計画的につくられたものだ。その後、30数年経ってたまたま湊川跡が栄え出し、両者が客を呼びあって繁盛することとなる。

しかしその隣には、屋根より高い天井川が流れていたことも、忘れてはならない。ほぼ毎年のように水害に襲われていた、湊川の「ドテシタ」で暮らすひとびとの恐怖はいかばかりか。最も悲惨だったものは１８９６（明治29）年の水害で、長雨が続き、夜11時過ぎに堤防が決壊、滝のように水が落ちてきた。福原遊郭の遊女が多数亡くなり、全壊の妓楼も複数あったという。皮肉にも、この出来事により湊川の改修計画は進み始める。

改修の理由は洪水だけでなく、街と交通が分断され発展が妨げられることもあった。湊川は付け替えることとなり、民間の会社が協力して施工する。隧道を掘っての付け替えで、人力のみの大作業であった。現在の地元の方の話しぶりは肯定的だが、当時はどうも、工事への市民の風当たりが厳しかったような記録もある。さまざまな意味での難工事を経、1901（明治34）年、目出度く新湊川は完成した。

いま、旧湊川の始点には、付け替え後の流路である新湊川の開渠がある。新湊川は河床の低い河川として、西へと迂回し流れていく。

湊川公園に話を戻そう。川を埋めた直後はだだっ広い砂原になっていて、夜は追いはぎが出て恐れられ、昼は自転車練習場になっていたそうだ。その後娯楽の場として、小動物園の付属するタワーや水族館、遊園地、芝居小屋などができていった。今の湊川公園はどちらかというと、初期の雰囲気に近いように思う。

その先のアーケードにあたる新開地は長年にわたり賑やかである。明治期、相生座《あいおいざ》を皮切りに活動写真の上映場となり、豪華絢爛な絵看板がひとつの名物であった。昭和に入ってからも映画館と飲食店がひしめく地であった。現在も絶えず飲食店があり、パチンコ屋にラウンドワン、ボートピアに大型劇場と、土地のたましいは継承されている、といっていい。

さらに下ると稲荷市場、河口には川崎重工業の工場がある。これまた以前の名残で、明治期は川崎造船所だった。湊川の川尻が埋め立てられて川崎造船所に売却され、そこから脈々と続いている工場なのである。

村松帰之『わが新開地』内では、この川跡の道を当時行き来した人びとが三つの色にたとえられている。すなわち、福原の女たちを「赤き流」、繁華街の不良少年を「黒き流」、そして川崎造船所の職工を「青き流」と。この「青き流」、本当にたくさんの人びとが、早朝と夕刻にいっぺんに押し寄せたのだそうだ。ひと時だけの勢い、とはまるで、雨天時の湊川のようではないか。

この地の持つ歴史を想い、唸りながら地図を眺めていると、細い開渠を見つけた（写真7）。下流部の団地の下から突如現れるこの細い開渠は、川崎重工業の工場に流れ込んでいき、すぐに追えなくなった。湊川の名残川だろうか。名残らしきドブ川はいくつもあったといわれ、蟹川《がにがわ》、またの名を鉄道川《てつどがわ》は東川崎町の東側に今も残されている。かつては透きとおった水が流れ、ドジョウもいて、子どもたちが遊んでいたそうだ。音井川、という記述も見かけたが、この細い開渠が音井川なのかどうか、確かめられなかった。ただ、現在も、澄んだ水が流れているようにみえた。

暗渠隠しアイテム詰め合わせのような、湊川跡。丘の如く盛り上がったこの土地に

写真7　川崎重工業の敷地に向かう、僅かな開渠はなにものなのか。

も、ふかぶかと川のものがたりが秘められている。

ところ変われば、暗渠変わる。短い距離を上から下へとジェット・コースター、実直な川跡たちがここにはある。宇治川で息をのんだ暗渠調整池は、この土地を水害から守るためにあった。湊川が天井川化したことも、山からの土砂が大量に流れてきたためだ。みな、急峻な六甲山地の影響を受けてのことである。神戸という煌《きら》びやかな大都市は、実は、人びとの忍耐と工夫が足下に眠っている街だった。地形や地質、街と人のありようの影響を受け、地域の数だけ暗渠の特徴があるだろう。思いもよらぬところに独特な暗渠が眠っている可能性は、どの街にだってある。

参考文献

「神戸・新開地の空間形成と歓楽街成立の契機――近代都市の歓楽街形成に関する史的研究その1」大槻洋二、日本建築学会編『日本建築学会計画系論文集』No.496, 1997
「明治期の民間会社による河川改修事業の計画と施工過程――湊川改修株式会社」吉村愛子・神吉和夫、土木学会土木史研究委員会編『土木史研究 講演集』vol.23, 2003
『神戸新開地物語』のじぎく文庫編、のじぎく文庫、1973
『わいらの新開地』林喜芳、神戸新聞総合出版センター、2001
神戸市 web「神戸の川」http://www.city.kobe.lg.jp/life/town/river/index.html

大阪　しみじみと、蜆川

髙山英男

華やかなキタを流れた蜆川

大阪の繁華街、「キタとミナミ」。関東で生まれ育ち、大阪にはあまり縁がなかった私としては、「東京で言えば、キタは銀座、ミナミは新宿あたりに似ている」くらいの認識なのだが、これで合っているだろうか。

ここでは、銀座に似ていると私が思っているキタに、かつて存在した蜆川《しじみがわ》の話をしよう。全容を大雑把に言うと、阪急梅田駅（JR大阪駅）のちょっと南のあたり、長さわずか2・5キロメートル、北区から福島区を、堂島川に沿って北側に膨らみながら並走していた川だ。沿岸の土地名から、曽根崎川、梅田川、福島川といった別の名前でも呼ばれていた（図1）。

1700年前後、江戸時代に行われた周辺の河川改修によって整備され、生まれたのがこの川だ。この河川改修で、左岸には米の流通拠点・堂島新地が、右岸には色茶

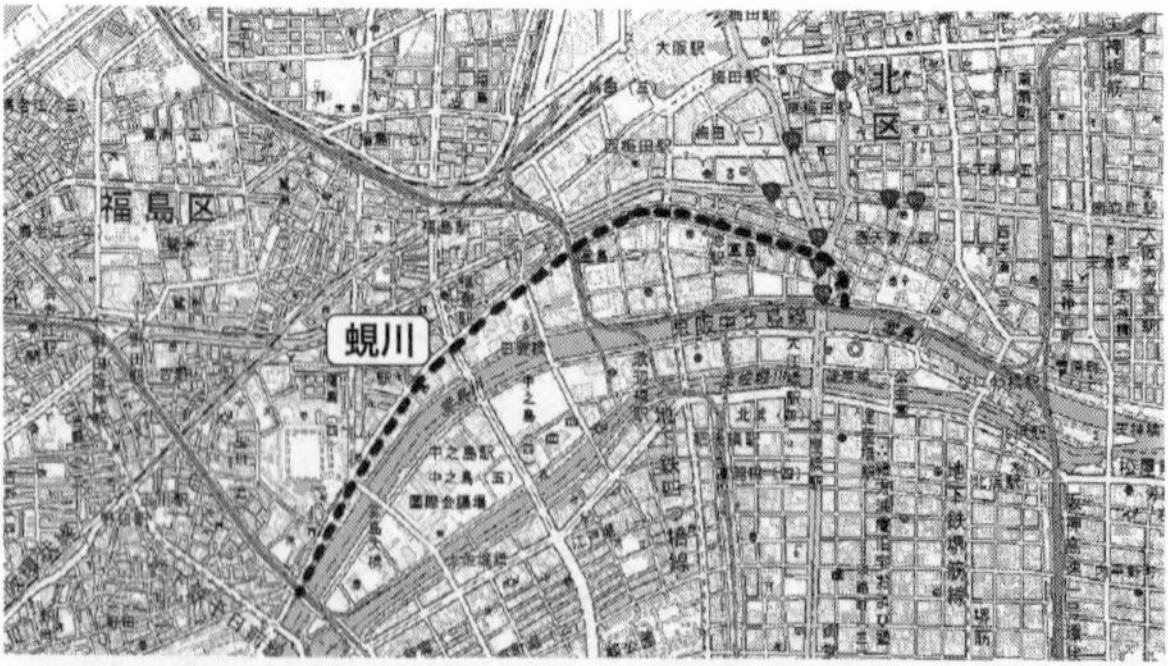

図1　梅田のほんの少し南。周りとは違う独特の曲線を描く道路は蜆川の跡だ。

屋を連ねた一大歓楽街・曽根崎新地が開発された。江戸幕府の打ち出した振興策もあって、1710（宝永7）年にはすでに茶屋98軒、料理屋56軒、旅館5軒、風呂屋4軒、湯女《ゆな》置屋1軒がひしめいていたという。

曽根崎新地といえば、あまりにも有名なのが近松門左衛門の浄瑠璃作品、『曽根崎心中』である。これは、1703（元禄16）年4月に醤油屋の手代徳兵衛と、曽根崎新地の遊女お初が実際に起こした心中事件を近松が取材し、1か月後には人形浄瑠璃に仕立てたもので、大ヒットを記録したという。当時、源平合戦など古典題材だけを扱ってきた浄瑠璃界にあって、身近に起こったばかりのスキャンダルを題材としたこの作品は、古典題材の「時代物」に対して「世話物」というジャンルを打ち立てた、革新的作品となった。その後も、再び近松は曽根崎新地の遊女を題材に『心中天の網島』を書き、これまた人気興行となっている。このように、当時から曽根崎新地は、酒と泪と男と女の街であったことがうかがえる。そんな街の情愛を、艶っぽく水面に映しながら流れていたのが蜆川、というわけだ（写真1）。

蜆川、生まれ変わりし北新地

それからおよそ200年後、蜆川に大きな厄災が降りかかる。「キタの大火」と呼ばれる1909（明治42）年の大火事だ。7月31日未明から24時間以上にわたって燃えさかったこの業火は、曽根崎のはるか東、現在の天満周辺から上がったのち、まるまる蜆川流域を飲み込んで、下流の福島区までを焼野原と変えた。罹災面積は120万m²（甲子園球場31個分）に及び、1万1300余戸が消滅し、5万人弱が焼け出されたという。そして、そこに残ったのは、大量の燃えかすと瓦礫の山だ（写真2）。

この瓦礫の処理に充てられたのが、蜆川であった。蜆川はこの瓦礫を受け入れ、水面をなくすことで、街の再興に身を捧げたのであった。蜆川は上流から段階的に埋められ、1924（大正13）年には全て消滅することとなる。代わって両岸にあった曽根崎新地と堂島新地が地続きとなり、一帯は、新たに北新地と呼ばれ再び賑やかさを取り戻していく。

そして戦後から高度経済成長期を経て、北新地は周囲のビジネスマンたちのライフスタイルに合わせるかのように、茶屋の街からクラブ、バー、ラウンジの街へと近代化を果たし、今に至る。それこそ、東京の銀座（特に西側、銀座5～8丁目あたり）に似た、夜の蝶が舞い飛ぶような街並みが現在の姿だ。このエリアに集まる料飲店は、3000店を超えるともいう（写真3～5）。

川が暗渠となるトリガー

さて、話は変わって、ちょっとここで「川が暗渠化されるきっかけ・引き金（トリガー）」について少々考察してみよう。多くの川や水路は、ここ100年あまりの近代化に伴って暗渠化されてきた。そのきっかけは、名付けて「ネガティブ・トリガー」と「ポジティブ・トリガー」の二つに分けることができる（図2）。

都市化に伴って、川に生活排水・工業廃水などが流れ込んで水質は低下し、川は悪臭の元となる。そして住民は川を嫌悪し、川は憎まれ者となっていく。これに対する行政や地域がとった打ち手は、川に蓋を掛けるなど、水面を隔離し、隠蔽することであった。川に対するマイナスの気持ちを、せめてゼロに戻す、その手法としての暗渠化だ。このようなきっかけが、「ネガティブ・トリガー」である。

いっぽう「ポジティブ・トリガー」とは、川をもって街の付加価値を上げよう、と

写真１　『なにわ今昔』（毎日新聞社1983年）より。在りし日の蜆川。『曽根崎心中』や『心中天の網島』には、この川描写や掛詞が多用されている。

写真２　『なにわ今昔』より。「天満焼け」とも呼ばれるキタの大火の瓦礫で蜆川が埋められ、「北新地」が誕生する。

写真3　現在の北新地には、あちこちに蜆川にまつわる銘板が設置されている。どれだけの酔客の眼に留まっているのだろう。

写真4　御堂筋にぶつかる北新地の東端には、蜆橋という橋が架けられていた。その記憶が角のビル壁面に刻まれている。

写真5　北新地から下ること500メートルにも橋の記念碑が残る。浄正橋という名は少々離れた交差点の名にも残っている。

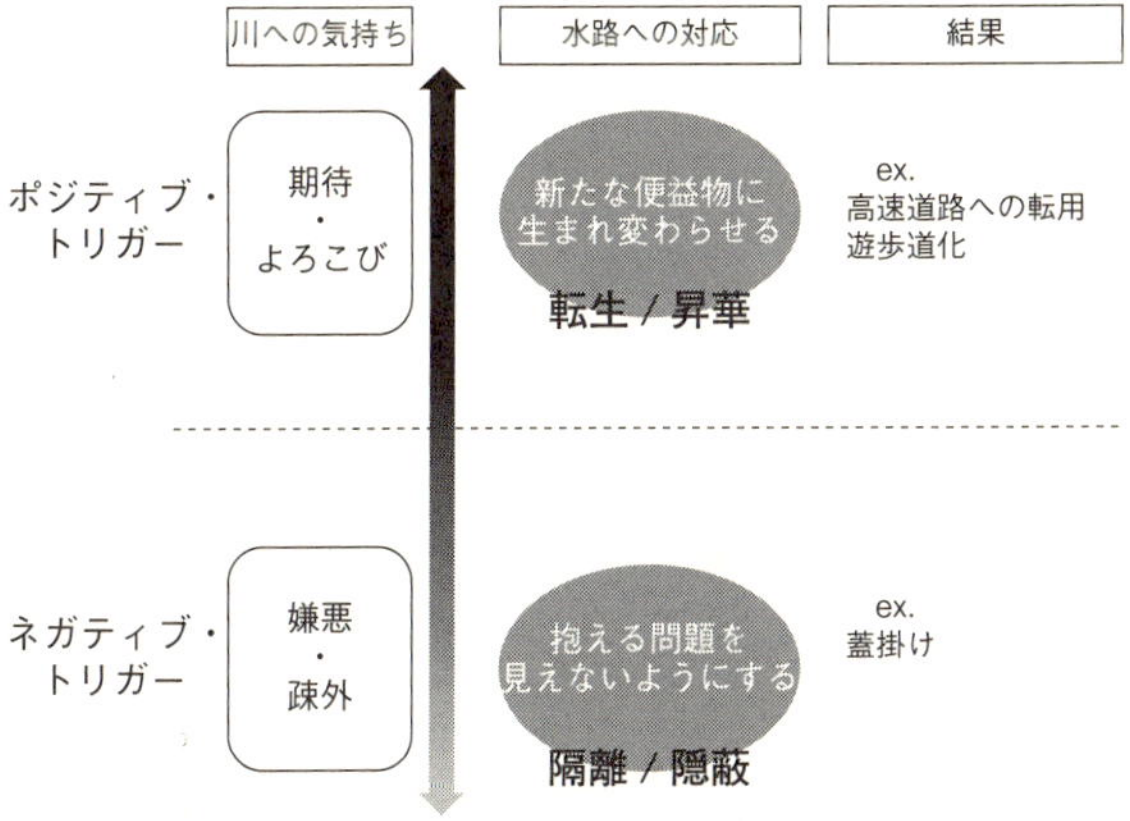

図２　暗渠化の引き金には、周りの期待を背負っての「ポジティブ・トリガー」と、周りの憎悪を浴びての「ネガティブ・トリガー」の二つがある。

図３　大阪の蜆川をはじめ、東京の三十間堀川、外堀川などの暗渠化動機は、ポジでもネガでもない「ホメオスタティック・トリガー」として位置付けることができる。

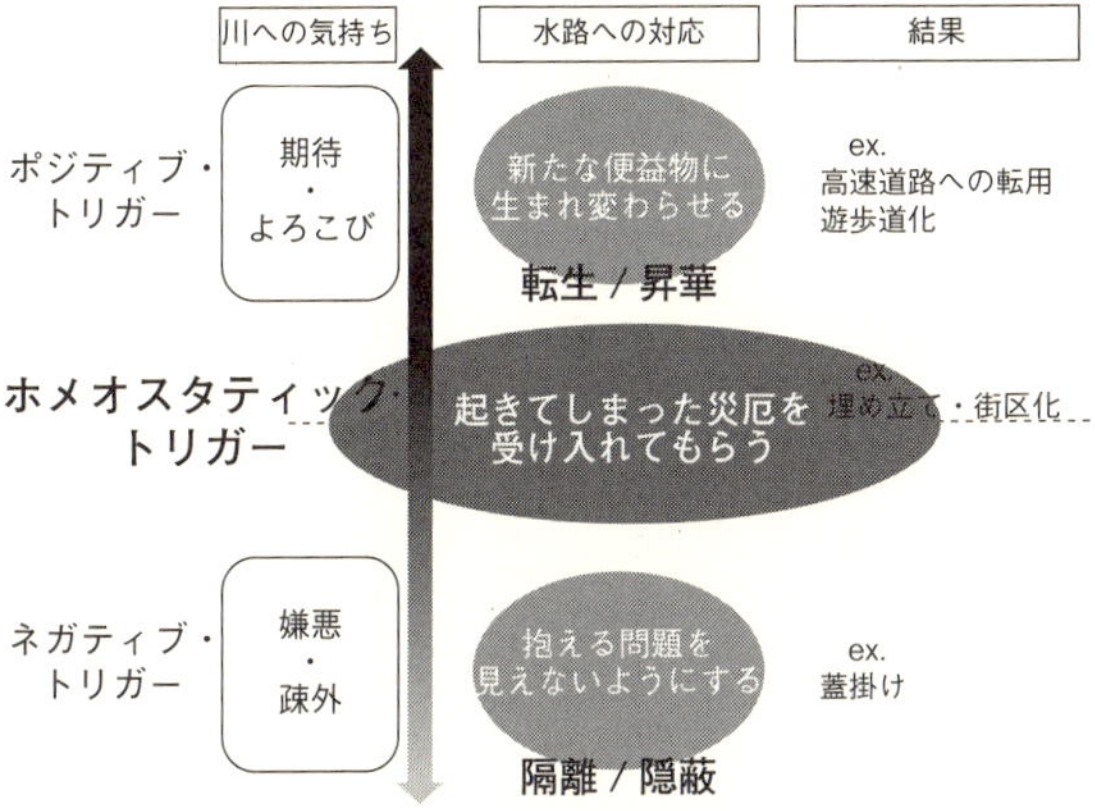

いう動機である。それは、よりよい街づくりのために、川を新たな何かに転用しようとする目論みだ。交通便益を追求するために、川を用地として高速道路を建設する、あるいは、美しく安らぎのある景観を造るために、川を緑道化する、などを指す。周囲は（よほどの「川好き」でもなければ）、その生まれ変わる姿に対する期待やよろこび、時には熱狂をもって迎えることだろう。

現実的には、これら二つは単独ではなく、両者同時に絡み合って暗渠化が進むことが多い。例えば、昭和30年代後半における東京都市部の中小河川は、深刻な汚染によってどぶ川と化していた。同時に、東京オリンピックを控えてトイレの水洗化を急ごうと、効率的に河川を下水道管に転用する計画が練られた。このような「ネガティブ・トリガー」と「ポジティブ・トリガー」がたまたま重なり、だからこそこの時期、大きなうねりとなって、東京の川が急速に失われていった、と考えることができる。

大阪の場合は、1950（昭和25）年くらいから川の埋め立てや暗渠化が進み、特に1970（昭和45）年の万国博覧会前後に拍車がかけられた。前者は戦後混乱期を抜けるころの、急速な下水道整備を目論んだ暗渠化、後者は高度経済成長期におけるモータリゼーションを受けた道路への転用で、どちらも「ポジティブ・トリガー」ととらえることができるが、同時に戦後、特に昭和20年代後半以降大阪市内の水質汚濁は深刻化しており、やはり「ネガティブ・トリガー」と絡み合っての暗渠化であるといえる（図2）。

ポジでもネガでもない、ホメオスタシスとしての暗渠

しかし、ネガでもポジでもない、その真ん中に漂うような位置づけのものもある。それは、「目の前のものを受け入れるだけ」というトリガーだ。そしてそれこそが蜆川を暗渠へと変えた。突然の大災害。そこから立ち直るために、蜆川は身を挺して川であることをやめたのだ。

このような例は、もちろん東京でも多く見ることができる。関東大震災の瓦礫を受け入れて水面を失ったのは、西堀留川（中央区）、鉄砲洲川（中央区）など。そして太平洋戦争末期の東京大空襲で生じた瓦礫で埋められたのは、三十間堀川（中央区）、外堀川（千代田区・中央区）、龍閑川（千代田区・中央区）、六間堀（江東区）などだ。これらは、周囲の憎悪も熱狂もなく、ただ目の前の厄災を鎮めるため、その身を捧げた暗渠たちである。そこにあるのは、全体最適のための祈りのようなものだ。この祈りが、傷だらけになった街にホメオスタシス（恒常性）を発動させ、そのプロセスとして、川が暗渠となっていく。これを、ネガとポジの間に横たわる、「ホメオスタティック・トリガー」と呼ぶことにしよう（図3）。

そうして川は、日常を取り戻した街に紛れ、やがて存在さえも忘れ去られていくの

だ。

冒頭で「キタは銀座に似ている」と書いた。瓦礫を受け入れた蜆川のことを思うと、右記のとおり東京の「ホメオスタティック・トリガー」暗渠が銀座の位置する中央区に多いのは、ただの偶然ではない、と、しみじみと思えてくる。

埋められる刹那に思う、蜆川

『曽根崎心中』は、「漢気《おとこぎ》のある徳兵衛が、いくつかの裏切りにあって貶められ、その名誉回復のために恋人お初と死を選ばざるを得なかった物語」だ。ヒロインお初は、惚れた男のためならばと死を受け入れたが、それこそが徳兵衛の、そしてお初のホメオスタシス発動スイッチだったのではないだろうか。それが証拠に、間もなく近松をしてこの作品を書かしめ、事件が世に広く知られたことで、徳兵衛の名誉と誇りは回復されることになるのだから。

蜆川は、埋められながらそっと目を閉じるその刹那、200年前の二人の物語を、しみじみ思い出していたのかもしれない。

参考文献

『「水都」大阪物語【再生への歴史文化的考察】』橋爪紳也、藤原書店、2011

『実記・百年の大阪』読売新聞大阪本社社会部編、朋興社、１９８７
『大阪の橋ものがたり』伊藤純・橋爪節也・船越幹央・八木滋、創元社、２０１０
『おおさかタイムトンネル 浪速写真館』読売新聞大阪社会部編、朋興社、１９８５
『なにわ今昔：写真集』毎日新聞社、１９８３
『大阪のキタとミナミ――社会・文化・身分』大阪人権博物館編、大阪人権博物館、２０１０
『わが北新地』４８５号　北新地社交料飲協会、２０１７
『北新地社交料飲協会50周年記念誌』北新地社交料飲協会、２０１１
『曾根崎心中　冥途の飛脚　心中天の網島』近松門左衛門、諏訪春雄＝訳注、角川ソフィア文庫、２００７
『大阪の川――都市河川の変遷』「大阪の川」編集委員会編著、財団法人大阪市土木技術協会、１９９５
『大阪春秋』第１３２号、長山公一編著、新風書房、２００８
『大阪市１００年のあゆみ』大阪市教育委員会編、大阪都市協会、１９８９

横浜　豊かさが流れてきた川、千代崎川

髙山英男

フェンスの向こうのアメリカ

横浜市の中区・南区・磯子区にまたがる、43ヘクタール、東京ドーム約9個分という広大な「根岸住宅地区」は、1947（昭和22）年の接収以来、米海軍関係者の生活居住地域とされてきた。管理しているのは在日米海軍横須賀基地司令部だ。

1990年代初めに、たまたまここに住む米国人夫妻と仲良くなり、何度か地区内のお宅に招かれたことがあったが、そこは完全にアメリカだった。エリア内にあるスーパーマーケットにはUS製の大づくりな食品があふれ、それらを使って振る舞ってくれたホットドッグから溢れる肉汁は、なんだかアメリカ人の持つ活力を、そして派手な色合いの甘すぎるケーキは、彼らのおおらかさを象徴しているように感じたものだ。広々とした空間にぽつぽつと建つ住宅と、その間を埋める芝生の瑞々しい緑色、郵便局や図書館など全ての施設に置かれているサイズの大きな家具調度品やトイレの

便器、目にするすべてが「圧倒的なパワー」を放っていた。昭和が終わったばかりのこの頃であっても、まだ「アメリカがお手本」の時代だったのだ。音楽も、ビジネスも、小売店の売り場づくりも住宅も。そこには豊かさや、正義や、憧れとしてのアメリカ文化が、まだ辛うじて固有の輪郭を持って輝いていた。

この「根岸住宅地区」は、2004（平成16）年の日米合意委員会で返還方針が合意されており、私が最後に現地に訪れた2016年の年末にはすでに住民の退去が完了。金網の外から見るかつての「アメリカ」は、すでに枯れかかった芝生に空き家が点在する、人の気配のないゴーストタウンに変わっていた。

千代崎川の源流

千代崎川は、横浜市南区の山谷・平楽あたり、中区の寺久保あたり、そして同じく中区根岸台あたりを水源とする、それぞれ猿田川、蓑沢川、江吾田川と呼ばれる川が中区山元町2丁目で合わさって成る川である（図1）。合流後は東にJR根岸線をくぐり、やがて本牧通りを南脇・北脇に掠めながら、小港町1丁目で横浜湾へと注いでいく。地図をご覧になればお察しがつくかと思うが、千代崎川となるこれら三つの川の源流は「アメリカ」だ。江吾田川の源流である根岸台、現根岸森林公園（旧横浜競馬場）も、1969（昭和44）年まで接収され、事実上米軍の管理下にあったし、そ

図１　全面暗渠の千代崎川。中流の蓋掛けは独特の形状で、蓋マニア必見。

れ以外の源流は殆どが「根岸住宅地区」内である（写真1、2）。そう、千代崎川は、「アメリカから流れ出てくる」川なのだ。

「国境」を見に行く

千代崎川は、河口から源流までわずか4キロメートル程度の小河川だが、その水源の一つである猿田川を、辿れる限りのところまで辿ってみた。中区大芝台と南区平楽、二つの丘の間を縫って、区境上を進む猿田川。最上流付近では、家々の裏手をひっそりと流れ、ついに金網を越えて「アメリカ」へと消える（写真3、4）。近くにいた古老にお話を伺うと、「昭和30年代までは水面があって、蛍までいた」そうだ。

いくつかある蓑沢川の水源も、追いかけていくとフェンスの向こうへと消えていく。源

写真１　「根岸住宅地区」をフェンスの外から望む。手前には「この地域は在日米軍の使用する施設です」との警告看板。

写真２　元・横浜競馬場である根岸森林公園。広大な芝生に刻まれる谷が江吾田川。

写真３　住宅の合間をひっそりと縫う猿田川は、中区と南区の区境。

写真４　猿田川の上流を辿れるのはここまで。フェンスの向こうが「アメリカ」だ。

流付近とはいえさすがは大都市横浜、こちら日本側ではどこも、地形の起伏も見通せないほどみっしりと住宅が密集しているのだが、金網越しに広がるアメリカの住空間は、まるでゴルフ場のようだ。露わな土地の起伏を目の前にしながら、あの丘の向こうで水が湧いていたのかな、などと妄想は尽きない。やはり豊かさはフェンス越しにあったのか。

市場の裏を流れる千代崎川

上流を離れ、中〜下流に目を移してみよう。千代崎川が本牧《ほんもく》通りに近づく上野町、千代崎町、本郷町あたりは、昔からの繁華街だ。『中区わが街――中区地区沿革史』には、古老からの聞き書きに、「関東大震災前、キリンビールの横浜山手工場が付近にあった頃は、千代崎町は華やかな賑わいのある芸者街だった」とある。震災後、工場の移転を境にしていくぶん落ち着いたものの、まだまだ周辺の活気は続いた。震災の罹災者を受け入れる住宅が建てられ、本牧通りの市電に沿って道路が整い、商店が増えていく。もともと本郷町には上台公設市場が設けられていたが、戦後に本郷町商栄会という商店街ができ、本牧通りはますます盛り上がりをみせた。

その上台公設市場横の菓子店で昭和20〜30年代に幼少時代を過ごされた、中田カヨさんに当時のお話を伺った。

「市場は、ヤミ市を集めたような所で、八百屋、魚屋、金物屋、乾物屋、米屋に味噌屋に酒屋、それぞれ2軒ずつあって、とっても賑やかでした。この市場を中心とした「下駄ばき商店街」に、毎日たくさんの人が集まってきていたのね」

中田さんは、こんな記憶もあるという。

「中学生の頃、お菓子を買いに来たアメリカ人に片言の英語で接客したことがあったわ」

もしかすると、根岸住宅地区に住む人たちも、千代崎川の流れに乗るかのように、経済効果と共にここ上台公設市場あたりまでやってきていたのかもしれない（写真5）。

中田さんに、すぐ北側を当時まだ開渠で流れていた千代崎川のことも尋ねてみる。

「ずっと「裏の川」って呼んでいたわ。市電の通る本牧通りの「表」と違って、川のある「裏」はとてもひっそりしていたの」

中田さんは、「裏の川」の水面を眺めるのが好きで、小学校に入る前はしょっちゅう橋の上に立って下流を見つめていたという。ちなみに、千代崎川が暗渠化された今も、上台公設市場跡（現・ヒルママーケットプレイス）の裏に「市場橋」という銘板がある親柱が遺されているが、中田さんの立っていた橋はまさにこの「市場橋」である（写真6）。

写真5　1970（昭和45）年ごろの上台公設市場。「表」の中心地だ。写真手前に市電の軌道が見える（横浜市史資料室所蔵）。

写真6　元・上台公設市場の裏に架かる市場橋跡。親柱越しに、千代崎川の上流を望む。

中田さんのお姉様や、近所で今も製麺所を営む昭和元（1926）年生まれのご老人の記憶では、当時、昭和20年代の千代崎川は、川沿いの住民たちの生ごみ捨て場となっていて、かなり汚れていたらしい。川端のゴミ捨て箱には、蛆さえ湧いていたと聞く。

しかし、中田さんご自身は「川が汚れていた記憶はない」という。水の色こそ思い出せないが、川底まで透けていたのを憶えているそうだ。この川は、いつもじぶんを見守ってくれていた中田さんにだけ、特別な姿を見せていたのかもしれない。

千代崎川のゴールドラッシュ

以前、他の川の取材をしていた時に、地元の方から「戦後、磁石をくくりつけた紐を腰に巻いて川に入り、鉄くずを集めている人がいた」という話を聞いたことがある。おそらくこれは、1950（昭和25）年に朝鮮動乱によって「金へんブーム」が巻き起こった頃であろう。当時、国内では鉄くずが驚くような高値で売買されたというから、これを拾い集めて高く売る者が多く現れたに違いない。

これと時期を重ねるように、いつも川面を見つめていた中田さんには、忘れられない記憶があるという。それは、見知らぬ男が千代崎川に立ち入って、ざるのようなもので何かを熱心に浚い続けていた光景だ。当時は何をしているのか不思議で仕方がなかったが、ある時から「砂金でも採っていたのでは」と推しはかるようになったそうだ。

砂金といえば、19世紀半ばにカリフォルニアで興った、アメリカン・ドリームを象徴するゴールドラッシュを思い浮かべてしまう。もしかしたら、鉄くずでなく、本当に千代崎川に砂金が流れてきたのかもしれない。この川の源流である、「アメリカ」から。

１９６２（昭和37）年に完全に暗渠化され、公共下水道となった千代崎川。そして源流の「アメリカ」も数年先にはアメリカでなくなろうとしている。

暗渠の愉しみ方の一つに、その姿かたちや歴史から思い浮かべる「見立て（妄想）」というのがあるのだが、私がこの川を眺めながら妄想したのは、豊かさの象徴としての「アメリカ」だった。

ゴールドラッシュを終えた千代崎川。その表に、裏に、これから何が流れてくるのだろうか。

参考文献

『本牧・北方・根岸』長沢博幸、２０１４
『横浜市返還施設跡地利用プロジェクト　第一次報告書』横浜市、２００５

『中区わが街――中区地区沿革外史』「中区わが街」刊行委員会、1986
『横浜市設小売市場（公設市場）概要』横浜市経済局消費経済部物資流通課、1988
『都市における資源循環システムの再編と地域社会の変動』浦野正樹、2006
『本牧波瀾の100年』横浜市中図書館編・発行、1998

埼玉　暗渠がつなぐ彼岸の縁——浦和の藤右衛門川《とうえもん》

髙山英男

分かつからこそ、縁もある

古くから「川むこう」などという言葉がある通り、川は場を区切るものだ。間に水面が存在することによって、物理的にも心理的にも、川は彼岸と此岸を分かってきた。現代ビジネスの世界でも、河川などの水辺は、鉄道や幹線道路と同様に、店舗の集客範囲を表す「商圏」を分断するものとして捉えられている。また都市化とともに水面が消えてしまってもなお、区境や町境などとしていまだ空間や文化を分かっている暗渠もたくさんあるものだ。

しかし、川や暗渠は、彼岸と此岸を分かつからこそ、異質なもの同士が出会いまじりあう縁《えにし》の場、ともなっているのではないだろうか。

ここでは、ある暗渠と、そこで結びついた二つの縁についてお話をしよう。

惹かれ通った藤右衛門川

東京都境をなす荒川あたりの低地を北に進んでいくと、JR京浜東北線南浦和駅に差し掛かる辺りからむっくりと台地が出現する。大宮台地だ。その台地を東西に分かつように谷を刻んでいるのが、今回の舞台となる藤右衛門川である。さいたま市浦和区・緑区に上流端を持ち、下流域では川口市に入って芝川へと合流する川だ。

私がこの川に興味を持ったのは、ぼんやり地図を眺めていた時に「真ん中に川が流れている競馬場」を見つけたことがきっかけだった。このくだりは拙著『暗渠マニアック！』（柏書房）に記したので詳細は省くが、その競馬場の真ん中を流れていたのが藤右衛門川という川だった。その意外性に惹かれ、さっそく現地に行ってみると、競馬場までは開渠であった藤右衛門川は、競馬場を上流に抜けた途端に暗渠となっているではないか。その辺りをちょっと歩いただけで、私はすっかりその魅力にとり憑かれてしまった。その後しばらくは、都内の自宅から決して近いとは言えないこの暗渠に通い詰めてしまったくらいに。

さて、そんな藤右衛門川の魅力とは？　大きく二つに分けられる。

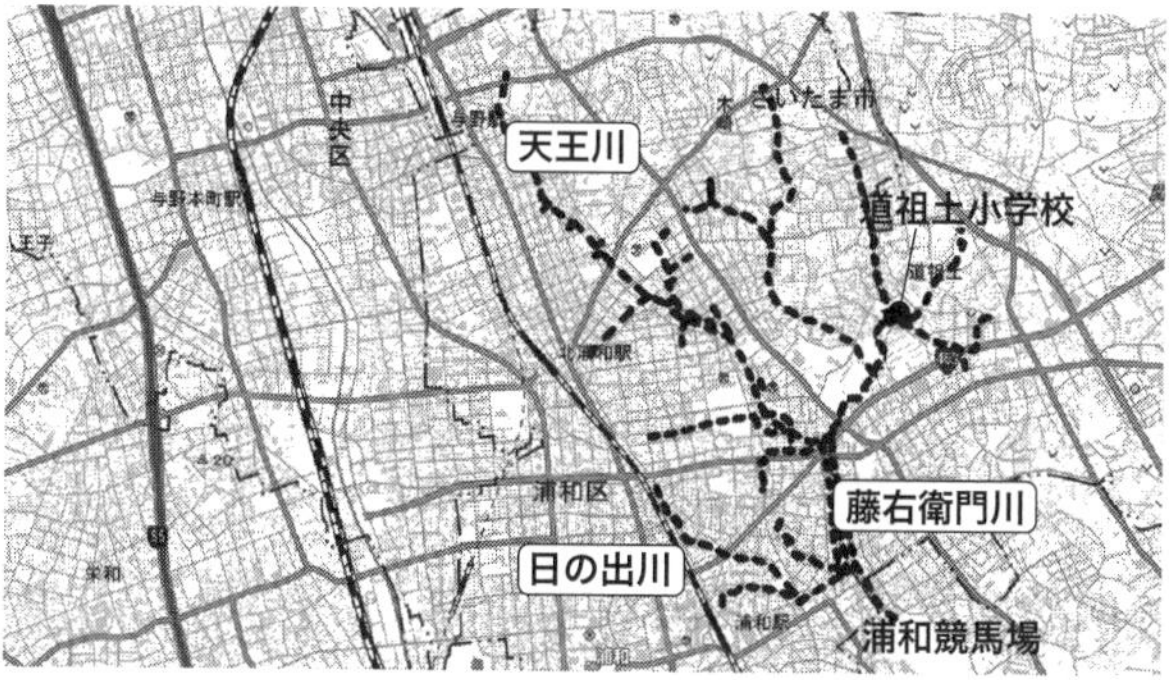

図1　藤右衛門川の流域図。主な支流に天王川、日の出川があり、藤右衛門川は地元では谷田川とも呼ばれている。

藤右衛門川の魅力　①密度濃い支流と地形

一つめは、豊富な支流群である（図1）。

藤右衛門川上流域は、ＪＲ南浦和駅、同浦和駅、北浦和駅、与野駅を結ぶＪＲ京浜東北線の東側に位置するが、支流含めた流域は、南北に4キロ、東西に3キロほどに収まる程度で、決して広いエリアではない。そこで藤右衛門川だけでなく、その支流である天王川、日の出川という三つの流れが生まれ合流している。さらにそれぞれには、毛細血管の如く夥しい数の細い支流が密度濃く繋がっているのだ。もちろん暗渠として、川の痕跡をしっかり残しながら。

また、それだけの支流が物語るのは、それらが刻む谷も無数にあるという事実だ。そう、ここは、地形的にも変化に富んだ、凹凸がぎゅっと密集するエリアなのである。

しかしそれは同時に、あちこちの谷から水が低いところをめがけて一気に集まってくることも意味する。南浦和から与野といえば、高度経済成長期以来の一大ベッドタウンだ。開発が進み、コンクリートが土を覆うようになると、逃げ場を失った雨水が藤右衛門川に集中し、地域は何度も何度も洪水に苛《さいな》まれたという。その辛い歴史が藤右衛門川の暗渠化を推し進め、1981（昭和56）年にようやく暗渠化工事が完成。この項でさらりと「魅力」などと書いているが、今に至るまでは大変な被害や犠牲があってのことなのだ、と肝に銘じねばならない。

藤右衛門川の魅力②暗渠・開渠のバリエーション

二つめの魅力は、流域で見られる「多彩な水辺の姿」だ。

緑道としてしっかり整備されている川筋や、一般道に擬態したような暗渠、コンクリやその他数種の素材の蓋暗渠（写真1）、幅の広さ違いのはしご式開渠（写真2）、コンクリ三面張りの開渠など、このエリアでは様々な姿・加工度の水辺を見ることができる。そしてなんと、数年前までは、野っぱらからこんこんと湧き出す水源までも見ることができたという。今となってはさすがに手つかずの土の間から水が湧くところはなくなってしまったが、場所によってはコンクリート護岸の割れ目から湧き出す水や、小さな崖の法面から滲み出す水も確認できる。

写真1　【藤右衛門川暗渠図鑑　その①】原山3丁目にあるカーディーラー前には鉄板素材の蓋暗渠。

写真2　【藤右衛門川暗渠図鑑　その②】はしご式開渠で住宅の裏をひそやかに縫う支流。

このように、藤右衛門川流域は、まるでコンパクトサイズの「暗渠図鑑」のようなところなのだ。ぜひ昆虫採集ならぬ「暗渠採集」に出かけてみていただきたい。

水との物語を紡ぐ劇作家との縁

そんな藤右衛門川の上で繋がった、一つめの縁《えにし》。

私がこの川に夢中になっているときに、twitter 上でたまたま高野竜さんという劇作家と接点ができた。高野さんは埼玉県宮代町を拠点にしながらたくさんの戯曲を書き、またプロデューサーとしてあちこちで演劇の企画制作もされている。そんな、私とまるで違う世界に棲む高野さんは、偶然にも私とほぼ同じ時期にこの藤右衛門川に魅せられ、周辺の取材を進めていた。その過程で私の暗渠ブログを見つけ、ご自身のtwitter で引用してくれたのを機に、双方の緩やかな交流が始まったのだ。つまり二人は、twitter の中を流れる藤右衛門川のタイムラインという、バーチャルな「ほとり」で、ばったりと出会ったわけだ。

このとき高野さんが取り組んでいた新作戯曲は、『河明り』という小説をモチーフにしたものだった。『河明り』とは、岡本太郎の母、岡本かの子によって戦前に書かれた、都内を流れる藍染川を舞台とするちょっと変わった恋愛小説である。高野さんは、この小説をベースに、藍染川から藤右衛門川に舞台を置き換え換骨奪胎し、『一輪の書』という名の戯曲に仕上げようとしていた。完成作品は高野さんのmixiページにて公開されているのでぜひ読んでみていただきたい。『河明り』と読み比べると、そして現地藤右衛門川に行ってみると、より興味深く味わうことができるはずだ。

以降、高野さんとはtwitter上の「ほとり」で交流を深め、2016（平成28）年秋、『西荻ドブエンナーレ』というイベント（西荻窪を拠点に、「ドブや暗渠」を軸にして街を再発見しようと試みた複数の催し）で、ついにこの縁が、実際のイベントとして実を結ぶこととなる。高野さんの『一輪の書』上演＋私の「藤右衛門川の現地地形解説トーク」というコラボレーションで。しかも、西荻窪の天狗湯という暗渠沿いの銭湯を会場にして。

私はかねてから「暗渠の愉しみは『ネットワーク』『歴史』『景色』の三つである」と述べているが、その中の『歴史』とは、実際に川で繰り広げられてきた「過去の物語」を指すものだ。しかし高野さんは、物語を発掘するだけでなく、自ら「物語を紡ぎだす」ことによって、水辺の愉しみをさらに拡げ続けている。しかも、私にとっては遥かな彼岸である演劇というフィールドで。

源流の水辺を抱える小学校との縁

二つめは、『暗渠マニアック！』出版直後にできた、さいたま市立道祖土《さいど》小学校との縁。道祖土小学校は、藤右衛門川の蓋暗渠が校庭の真ん中を突っ切っている、貴重な「暗渠小学校」である。ある日その小学校の先生から、私の暗渠ブログを通じて突然連絡をいただいたのだ。その内容は、数か月後に東京ビッグサイトで行われる『下水道展2015東京』内の「スイスイ下水道研究所」というコーナーで、同小の児童数名が藤右衛門川に関する自由研究の発表をする。その研究を進める際に、拙著を参考にしたいのだが、というものだった。

このとき先生から教えていただいて初めて知ったのが、この小学校内にも藤右衛門川につながる源流があるのだということだ。校庭の数か所から水が湧き小川となり、休み時間ともなれば、たくさんの子どもたちが、そこに棲むザリガニを釣って遊んでいるという（写真3）。

今回の自由研究は、「この身近な流れはいったいどこにつながるのか」と興味を抱いた小学校5・6年生の4人組が、水の行方を確かめに下流へと辿る過程をまとめるものだとのこと。素晴らしい！　できることがあれば何でもご協力いたします、と鼻息荒く即答したのは言うまでもない。

研究発表当日は私も会場まで駆けつけ、「ちびっこ暗渠ハンターズ」（と、勝手に命名）によるプレゼンテーションを拝聴した。水が湧き出す校庭をスタートに、藤右衛門川の暗渠を辿り、はるか下流の合流先・芝川まで追いかけていくプロセスが大きな

写真３　湧水が湧く校庭の端には、小さな崖の下にＵ字溝が配されており、ザリガニが多数棲息している。

スクリーンに映る。スライドが進むごとに「あの小さな流れが、途中姿を変えながらも、こんな大きな川になって続いていているんだ！」と折り重なる彼女らの驚きや喜びが、ひしひしと伝わってくる。そう、これだ。見慣れた景色から川のピースを探し当てる喜び。それをパズルのように嵌めていき、つながったときの驚き。まさに「三つの暗渠の愉しみ」の中の『ネットワーク』を味わう瞬間である。暗渠好きだけが知る、ピュアな感動を再認識させてくれた、最高のパフォーマンスであった。

興奮冷めやらぬその数週間後、道祖土小学校の校内にお招きをいただくことになる。このご時世、もはや小学校の構内でさえも、関係者外にとってはセキュリティの厳しい「彼岸」であるが、校長先生のご厚意で、実際に校庭に湧きだす湧水を拝見する機会をいただいた（写真4）。

やがて藤右衛門川となるその水は、校庭の隅の小さな崖下のあちらこちらから、こんこんと湧き出していた。その湧水が集まり頼もしい小川となって、校庭を大きく横切るコンクリート蓋暗渠に落ちていく（写真5）。しかし校長先生のお話では、付近の住宅開発に伴って、徐々に湧く量は減ってきているとのこと。いつか水も枯れ、ザリガニ釣りも思い出話で終わるのか。そう思うと哀しくなってくるが、私如きの一見者は、地域の開発事情に口をはさむ権利もない。

しかし私は確信している。たとえ水が失せようと、これからもこの川は、誰かと誰かをきっとつないでくれるはず。

参考文献

『わがまち浦和――地域別案内』浦和市総務部市史編さん室編、浦和市、1982
『藤右衛門川改修記念　わが街25年の歩み　谷田川河川史』浦和市谷田川排水路改修促進会、1982
『暗渠マニアック！』吉村生・髙山英男、柏書房、2015

写真４　Ｕ字溝から湧き出る水が、水面をゆらゆらと揺らす。

写真５　校庭を二分する藤右衛門川蓋暗渠。校庭の端に生まれた小川はここに落ちていく。

謝辞――あとがきにかえて

本書の発刊にあたっては、多くの方々のお力添えを頂戴している。

まずはミズベリング・プロジェクト（https://mizbering.jp/）事務局ディレクターの滝澤恭平さん、そしてみちくさ学会（http://michikusa-ac.jp/）の阿部良さん。本書のいくつかの稿は、これらのウェブサイトで初出の機会をいただいたものだ。今回お二方を通して、加筆修正を加えての転載を快諾いただいたからこそ、本書が成立した。お二方のお計らいに心から感謝申し上げたい。

そして、「西荻案内所」主宰の奥秋圭、亜矢ご夫妻。2016年11月に東京都杉並区は西荻窪で行われた、国際屋外アート展「トロールの森」に、『西荻ドブエンナーレ』としてお二人が参画していたイベントの場で、筑摩書房の井口かおりさんとの接点が生まれた。まさに本書の生みの親ともいえるご夫妻に、深く感謝申し上げる。

本書の編集担当・井口かおりさんの根気強いご指導・ご支援と手腕にも、深謝する次第だ。四人の筆者の奏でを、見事なタクト捌きでひとつにまとめ上げてくださった。

その他にも、ほんとうに多くの方々からご協力を頂戴した。みなさんのご厚情なしには本書は成立しえなかった。この場を借りて改めて御礼申し上げる。ありがとうございました。

2017年8月30日

本田創・髙山英男・吉村生・三土たつお

プロフィール

本田創（ほんだ・そう）　1972年東京新宿生まれ、田端育ち。暗渠者。著書に『東京暗渠学』（洋泉社）、編著に『東京「暗渠」散歩』（洋泉社）。「東京人」などに寄稿。小学生の頃、祖父に貰った東京の古い区分地図で川や暗渠の探索に目覚める。予め失われていた東京の原風景の〝記憶〟を求めて、都内の暗渠や用水路跡、湧き水などを探索。1997年よりその成果をウェブサイト「東京の水」としてまとめ始め、形を変えつつ今に至る。

髙山英男（たかやま・ひでお）　1964年生まれ。中級暗渠ハンター（自称）。『暗渠マニアック！』（柏書房）共著、『東京「暗渠」散歩』（洋泉社）『東京スリバチ地形入門』（イースト新書Q）分担執筆。ある日「自分の心の中にある暗渠」に気付いた時から暗渠に夢中に。以来、暗渠を求め、暗渠を分析し、「そこに水の流れを感じることは、自分の知らない自分を探究することだ」と位置づけるようになる。本業は広告会社社員。

吉村生（よしむら・なま）『暗渠マニアック！』（柏書房）共著、『東京「暗渠」散歩』（洋泉社）『東京スリバチ地形入門』（イースト新書Q）分担執筆、『東京人』等に寄稿。本業の傍ら暗渠探索に勤しみ、暗渠ツアーガイドや講演なども行う。郷土史を中心とした細かい情報を積み重ね、じっくりと掘り下げていく手法で、暗渠の持つものがたりに耳を傾ける。もっとも情熱を注いでいる暗渠は、杉並・中野を流れていた桃園川。

三土たつお（みつち・たつお）　1976年東京都北区しもふり銀座（谷田川暗渠）そばで生まれる。プログラマー、ライター、都市鑑賞者。「@nifty：デイリーポータルZ」にて街歩きの記事などを多く書く。編著『街角図鑑』（実業之日本社）、共著『東京「暗渠」散歩』、『凹凸を楽しむ　東京「スリバチ」地形散歩』（ともに洋泉社）分担執筆。東京を自転車で走るうちその地形に興味を持ち、川のない谷としての暗渠に目覚める。

初出

＊本書は文庫オリジナルです。
初出は、各項の最後に記載したもの以外は次の通りです。それ以外は書き下ろしです。

●ミズベリング（MIZBERING）から
・「暗渠サイン」を見逃すな！――暗渠ハンティングきほんの「き」↓ミズベリング『水のない水辺から…「暗渠」の愉しみ方　第2回　暗渠の見つけ方　2014
・【文学と暗渠1】三四郎と美禰子の歩いた川を辿る↓ミズベリング『水のない水辺から…「暗渠」の愉しみ方　第9回　文学と暗渠。三四郎と美禰子の歩いた川を辿る。　2015
・かんじる川・羅漢寺川――目黒川の支流↓ミズベリング『水のない水辺から…「暗渠」の愉しみ方　第4回　羅漢寺川・かんじる川　2014
・藍染川をたどる――巣鴨から谷根千まで↓ミズベリング『水のない水辺から…「暗渠」の愉しみ方　第5回　暗渠こそがメインストリート。藍染川をたどる。　2015
・都心の暗渠　浜町川と龍閑川――ビルの隙間に、水門のむこうに、それはある。↓ミズベリング『水のない水辺から…「暗渠」の愉しみ方　第6回　浜町川と龍閑川。ビルの隙間に、水門のむこうに、それはある。2015
・神戸暗渠に魅せられて——宇治川・湊川↓ミズベリング『水のない水辺から…「暗渠」の愉しみ方　第8回　神戸の川跡に魅せられて　2015
・埼玉　暗渠がつなぐ彼岸の縁——浦和の藤右衛門川↓ミズベリング『水のない水辺から…「暗渠」の愉しみ方　第12回　見えない水でつながった、二つの縁のこと。2015

●みちくさ学会（ライブドア）から
・蛇行する暗渠↓「みちくさ学会　暗渠　第3回」2010
・排水管の継手と暗渠↓「みちくさ学会　暗渠　第11回」2011
・暗渠に架かる橋——大正13年に架けられた四つの橋跡を巡る↓「みちくさ学会　暗渠　第4回」2010
・生きている暗渠——水路橋や水門へと続く、かつての上水路をたどる↓「みちくさ学会　暗渠　第2回、第13回」2010、2011
・夜の暗渠歩き↓「みちくさ学会　暗渠　第15回」2011
・新宿の秘境・玉川上水余水吐跡の暗渠をたどる↓「みちくさ学会　暗渠　第5回」2010

ちくま文庫

はじめての暗渠散歩《あんきょさんぽ》
水《みず》のない水辺《みずべ》をあるく

二〇一七年十一月十日　第一刷発行
二〇二二年　一　月二十日　第二刷発行

著　者　本田創（ほんだ・そう）
髙山英男（たかやま・ひでお）
吉村生（よしむら・なま）
三土たつお（みつち・たつお）

発行者　喜入冬子
発行所　株式会社　筑摩書房
東京都台東区蔵前二―五―三　〒一一一―八七五五
電話番号　〇三―五六八七―二六〇一（代表）
装幀者　安野光雅
印刷所　三松堂印刷株式会社
製本所　三松堂印刷株式会社

ISBN978-4-480-43481-4　C0125